생명의 프린키피아

|김 희 수 지음|

| 서문 |

생명의 프린키피아에서는 생명 속에 숨어 있는 다양한 재미있는 이야기를 알기 쉽게 풀어나가며, 생명현상의 원리를 체계적, 합리적, 과학적으로 이해하게끔 하여, 21세기 생명과학 시대에 어우러지는 생명과학지식과 정보를 갖추도록 하였다.

생명이란 무엇인가? 근원적인 질문 속에 생명의 기원, 세포의 구조와 기능, DNA, RNA, 유전자의 세계, 유전공학, 돌연변이 및 인간의 질병, 영장류 및 인류의 진화, 이동성 유전인자로 초점 맞추었다.

이러한 핵심 구성 내용의 배경에는 저자의 학문적 배경과 일치한다. 일본 교토대학-영장류 연구소, 이스라엘 와이즈만 연구소, 영국 옥스퍼드대학-원포드병원에서 7년간 학습한 내용들이다.

각 단원들마다 정확한 학습목표를 제시하는 한편 마무리로서 핵심 내용을 요약정리해 두었다. 이 책의 핵심적인 내용은 생명의 기원 및 탄생, 유전자의 세계, 재조합DNA기술, 돌연변이 및 인간의 질병, 유전자 발현 조절, 영장류 및 인간의 진화에 관여하고 있는 이동성 유전인자(살아움직이는 유전자)에 대한 내용을 최종적으로 넣어서, 생명의 프린키피아에 대한 체계적인 서술내용을 과학적이고도 총체적인 이해를 돋구었다.

저자는 생명에 대한 최신 정보를 제대로 인식하여 교양으로서 지식이 풍성해져 인간세상의 살아가는 삶에 조그마한 도움이 되기를 바란다.

끝으로 이 책의 출판을 위해 편집과 제작에 아낌없는 열정을 쏟은 부산대학교 출판부 여러분의 노고에 진심으로 감사를 드린다.

| 목차 |

1 생명의 특성과 기원

생명이란 무엇인가?

생명이란 환경으로부터 에너지를 획득하고, 그 에너지를 이용해 자신을 복제하며 진화할 수 있는 분자들의 조립이라 할 수 있다. 이러한 생명의 특성에는 정렬, 물질대사, 운동, 환경변화에 대한 반응, 생식, 발생, 유전, 진화, 적응이 있다(그림 1-1). 생명의 특성에 대해 어떠한 성질을 가지고 있느냐 살펴보면 각 구조나 활성이 다른 모든 구조나 활성들과 특별한 연관성을 가지게 되어있는 정렬, 조직화된 화학적 반응 과정으로 분자들을 분해하거나 합성하는 것을 일컫는 물질대사, 자신의 에너지를 사용하여 그 자신이나 몸의 부분들을 이동시키는 운동, 환경 자극들을 감지하고 반응하는 반응, 같은 형태의 새로운 개체를 만들어내는 생식, 정돈된 일련의 변화과정을 통해 하나의 개체가 복잡한 형태와 구조를 갖게 진행되는 발생, 어버이로부터 자손까지 유전적 특징들을 전달하는 유전자라 부르는 유전 단위를 가져 물리적, 화학적 및 행동학적 형질들의 발현을 조절하는 유전, 오랜 시간에 걸친 변화를 통해 생존하기 위한 에너지의 획득과 사용, 생식 등에 관한 새로운 방법을 얻는다는 진화, 특수한 구조들과 행동양식들 그리고 능력들이 환경에 적합하게 되는 적응 등이 있다고 할 수 있다.

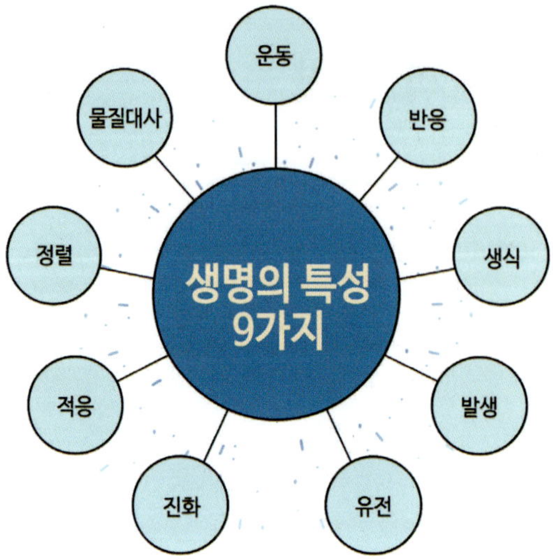

그림 1-1 생명의 특성 : 정렬의 유지, 물질대사, 운동(이동), 환경변화에 대한 반응, 생식(번식), 발생, 유전진화, 적응이 있다.

에너지와 관련된 생명의 특성

생명체의 계층적 구성은 생체원소-생명분자-세포소기관-세포-조직-기관-기관계-생명체로 되어있다(그림 1-2). 생명체는 생명활동(생명-유지, 생장, 수선)에 사용하기 위한 에너지를 환경(먹이 또는 태양)으로부터 얻는다. 물질대사는 세포가 화학에너지인 ATP를 얻거나 사용하는 일련의 화학반응이며, 세포는 ATP를 조절하고 다양한 반응에 활용한다. 에너지와 관련된 중요한 포인트인 운동성은 생명 개체나 특정 부위가 자기 추진력으로 화학 에너지인 ATP를 사용하여 이동하는 것을 일컫는다. 이동을 함으로서 얻는 두 가지의 핵심 포인트는 먹이 획득과 천적으로부터 피하는 것이다. 심지어 식물 세포도 빛을 쫓아 움직인다. 생명체는 환경(온도, 먹이, 물, 천적, 배우자 및 그 밖의 요인들)에 반응하는 반응성을 가지고 있다. 이는 생명체가 환경변화에 반응하는 능력을 의미하는데, 예를 들면 나비 및 나방 등은 급습해 날아오는 새 및 박쥐소리를 인식하여 도망치는 변화를 보이는데, 즉각적인 반응이라 할 수 있다. 검은 고니는 먹이를 많이 섭취한 후 남쪽으로 이동하는 점진적 반응을 보인다. 이상에서 살펴본 바와 같이, 에너지와 관련된 생명의 특성은 정렬의 계층성, 물질대사, 운동성 및 반응성이다.

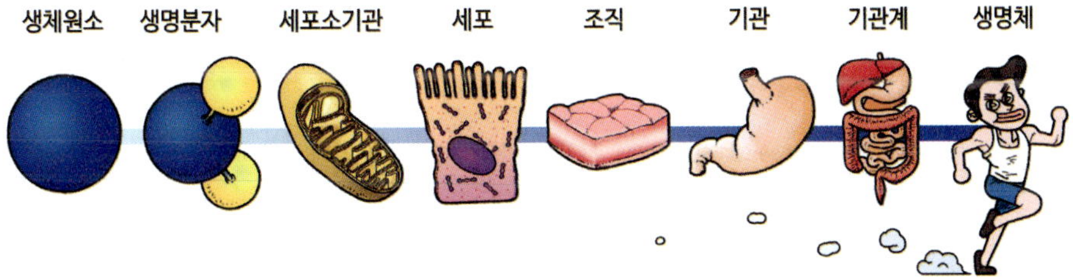

그림 1-2 생명체 정렬의 계층적 구성 : 생체원소-생명분자-세포소기관-세포-조직-기관-기관계-생명체로 구성되어 있다.

생식 또는 번식으로 자손을 만든다.

생식과 관련된 생명의 특성(생식/번식, 발생, 유전)을 알아보자. 생식 또는 번식에는 생명체가 동일한 형태의 새로운 개체를 만드는 것을 일컫는다. 생식에는 2가지의 종류가 있다. 바로 무성생식과 유성 생식인데, 무성생식은 단일 어버이가 새로운 자손을 만드는 것이며, 유성생식은 어버이 양쪽의 교배를 통해 새로운 자손을 만드는 것이다(그림 1-3). 어린 생명체들은 그들의 어버이보다 작고 단순한 개체로 출발하며, 자손들은 발생이라는 과정을 통하여, 크기가 커지고 복잡한 구조로 생장한다.

어버이로부터 자손으로 유전자의 전달되는 현상을 유전이라고 하며, 이 유전은 유전자에 의해 일어난다. 유전자는 생명체의 형질과 기능들을 조절하는 유전의 단위이며 각 유전자는 염색체 내에 DNA 분자로 구성(엑손-인트론)되어 있다. 단백질을 만드는 핵심적 유전자는 인간 유전체의 1%이다. 인간에게는 이동성유전인자가 유전체 내의 45%를 차지한다. 이처럼 많은 비율로 존재함은 이동성유전인자가 인간의 세포 내에서 주요한 생물학적 기능을 할 것으로 여겨진다. 생물의 발생과정에서 발현되는 유전적 기작은 다양한데, 핵심유전자, 이동성유전인자, 새틀라이트DNA의 반복서열 등이 복잡하게 연루되어 있다.

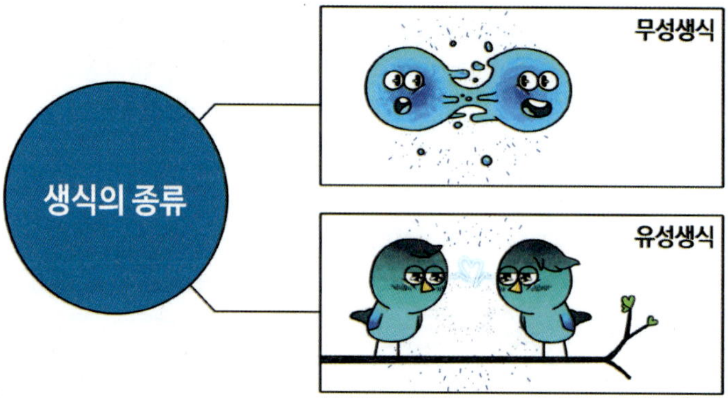

그림 1-3 생식(번식)은 무성생식과 유성생식으로 나뉜다. 무성생식은 단일 어버이가 새로운 자손을 만드는 것이며, 유성생식은 어버이 양쪽의 교배를 통해 새로운 자손을 만드는 것이다.

새로운 유전자의 특성을 갖다, 진화!

진화는 오랜 시간에 걸친 한 생물 집단 내에서의 유전자들의 변화이며, 시간에 따라 생명체는 끊임없이 변화한다. 생물학적 진화는 여러 세대를 경과하는 동안에 생물집단의 특성에서 일어나는 변화 즉, 개체군이라는 생명체의 집단이 변형되는 과정으로서 감춰진 잠재력을 나타내거나 펼치는 것이다. 지구상의 생명의 시작 단계로 거슬러 올라가면, 모든 생명체들은 결국 오랜 과거에 동일 조상일 것이다. 현존하는 생명개체의 샘플들을 본다면, 개구리는 버섯이나 고사리보다는 생쥐, 원숭이, 호랑이 및 말과 유사하다. 즉, 지구상의 다양한 생물들은 변화하는 과정에 있어서 서로 다른 동물들이 탄생한 셈이다.

진화의 핵심 원동력은 유전자 중복에 있다. 유전자는 단순한 유전자에서 중복되면, 그 단순한 유전자의 성질을 가지고 있지 않다. 중복된 유전자는 변화하기 때문이다. 즉, 중복된 유전자는 끊임없이 변화한다. 변화를 통해 고유한 유전자의 특성에서 새로운 유전자의 특성을 갖는 것이 곧 '진화'이다.

진화가 왜 중요할까?

지구상 다양한 생물개체의 형성 및 조절을 가능케 한 요소는 고대바이러스이다. 이들은 유전정보가 없는 JUNK DNA로서 알려져 왔다. 고대바이러스 유전자는 진화를 거듭하면서 생물개체의 유전체 내에 이동성유전인자(transposable elements)로 자리 잡고 있다. 즉, 이동성유전인자들은 고대 바이러스 출신의 DNA조각으로, 생명 진화 및 계통의 바탕이 된 조절 암호의 핵심요소이며, 생명의 기원 및 유전자의 생명기능을 조절한다. 이러한 이동성유전인자들은 인간의 진화에도 큰 영향을 미치고 있다. 최근 연구결과에 따르면 인간과 침팬지의 유전자의 차이는 1%라고 한다. 그런데 왜 인간과 침팬지가 크게 다를까? 이는 인간과 침팬지의 뇌에서 발현하는 유전자 차이에서 볼 수 있다. 인간은 뇌에서 발현하는 유전자들이 침팬지에 비해 다수로 존재한다는 것이다. 만약, 침팬지의 뇌에서 유전자 발현 양상이 늘어난다면 침팬지의 반란이 일어날지도 모른다. 즉, 인간과 침팬지의 뇌에서 발현하는 유전자의 차이가 다르다. 무엇이 유전자 발현 양상을 다르게 하는데 관여할까? 프로모터, 인핸서 등의 유전자 발현의 조절인자 및 시토신의 메틸화 현상이다. 유전자의 발현 양상에 따라 진화적인 표현형이 나타나는데, 이동성유전인자가 관여하고 있다라는 사실에 주목해야 한다. 이동성유전인자야말로 새로운 프로모터, 인핸서 및 인슐레이터를 만들어내기 때문이다. 따라서, 이러한 진화적인 개념을 유전자 발현과 더불어 잘 이해하면, 수수께끼같은 인간의 다양한 질병들을 해결할 수 있는 실마리를 찾을 수 있을 것이다. 즉, 이동성유전인자와 함께 진화과정을 분석하고 연구하면, 질병도 해결 할 수 있다는 것이다. 현재까지 풀리지 않는 인간의 질병(암, 류마티스 관절염, 정신분열증, 다발성경화증, 불임, 당뇨병 등)은 진화적 접근이 필요하다.

생물종다양성의 중요성

생명체는 끊임없는 진화의 결과로 다양한 생물종이 탄생하였는데, 지구상에는 5,000만 종 이상의 생명체들이 있다. 이들을 이해하기 위해 만든 분류체계가 바로 계통

분류이다. 계통분류는 생명체들에 대한 생물종다양성으로 연결된다. 우리의 인류는 생물종다양성으로 더불어 지구상에 생존하고 있는데, 그들은 우리에게 소중하다. 생물종다양성의 소실은 질병의 점진적인 증가로 인류가 위협을 받게 된다. 생물종다양성으로 인해 식량, 의약품, 의류 등 생활용품, 물질순환(산소 및 맑은 물 공급) 및 안락한 휴식처를 공급받을 수 있다. 또한, 연구 및 교육의 장소가 될 수 있으며, 질병 치료할 수 있는 근원을 제공해 준다. 즉, 자연환경을 유지하면 생물종다양성이 유지되며 인류의 행복과 무한 자원의 가치가 제공된다. 우리는 이러한 가치있는 생물종다양성을 소중히 여겨야 할 것이다.

유사한 형질의 개체들의 분류: 종의 개념

생물종다양성 보존은 가치 있는 생물 산업을 창출할 수 있는 근원을 제공한다. 이러한 관점에서 종이란 무엇인지 살펴보자. 종이란, 동일한 초기집단의 후손으로서 자연에서 서로 성공적으로 교배할 수 있는 능력을 가진 유사한 구조적 형질을 가진 개체들의 집단이다. 그리하여, 종은 생물을 분류하는데 가장 중요한 기본이 되는 단위이다. 그러나 종에 대한 정의는 지금까지도 애매모호하며 학문적 바탕과 시대적 배경에 따라 차이가 있다(그림 1-4).

린네는 종을 시간적으로나 공간적으로도 변하지 않는 정적이고 무차원적인 것으로 생각하였다. 그래서 종들은 각각 형태적인 특징을 가지고 있어 서로 명확히 구분되는 것이라고 생각하였다. 이러한 개념 하에서 비슷한 다른 종과의 형태적 차이의 정도에 따라 식별할 수 잇는데 이를 형태학적 종이라 한다.

이와 달리 메이어는 종은 상호교배집단으로 구성된 군이며 다른 군들과 생식적으로 격리되어 있다고 생각하였다. '한 종은 생식사회를 이루어 생태적 단위로 되고 하나의 유전자급원을 생성하여 유전적인 단위를 이룬다'라는 개념에서 생물학적 종이라 한다.

심슨과 와일리는 종을 조상후손 집단의 직계이기 때문에 다른 직계와 차이가 있는 그 자신의 동일성을 유지하고 진화 및 역사적 운명을 가진 것 이라고 생각하였다. 즉, 좋은 조상과 후손의 혈통관계로 이어져 각 종은 제각기 특이한 생활양식을 가지며 환경에 적응 해 가면서 진화한다는 관점에서 진화학적 종이라 한다.

프로킨은 분자생물학적 견지에서 종을 다음과 같이 정의 하였다. 종은 세포 속 DNA의 염기 배열에 의한 아미노산의 구조나 기능이 비슷한 성질을 나타내는 개체군이라고 생각하였다. 생물의 계통발생에 대하여 그 고유의 특징들을 분자적 유사성과 관련시켜 분자생물학적 종이라고 한다.

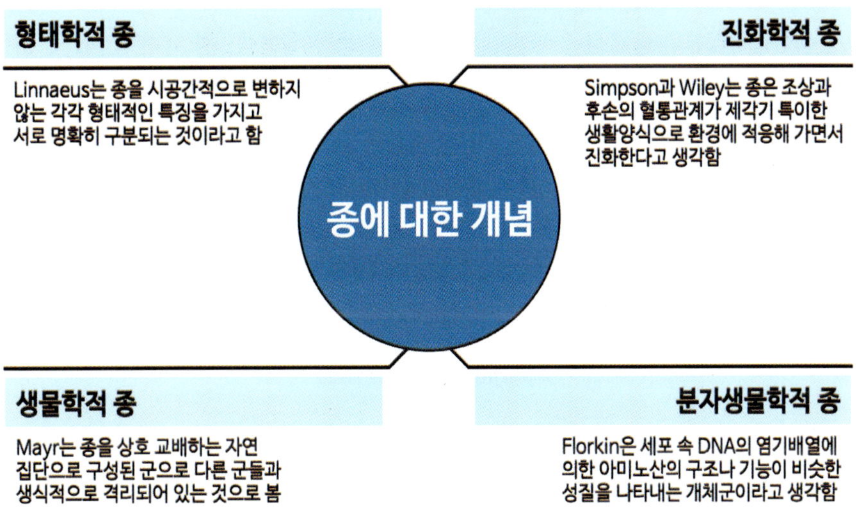

그림 1-4 서로 다른 관점에서 종의 개념

학습 요약 정리

1. 생명이란 환경으로부터 에너지(빛에너지, 화학에너지ATP)를 얻어, 그 에너지를 이용하여 진화할 수 있는 분자의 조립

2. **| 생명의 특성 |** 정렬, 물질대사, 운동, 반응, 생식, 발생, 유전, 진화, 적응

3. 생명체의 계층적 구성은 생체원소-생명분자-세포소기관-세포-조직-기관-기관계-생명체

4. **| 생명체 |** 모든 생명기능들을 독립적으로 수행할 수 있는 개체

5. **| 생물종다양성의 중요성 |** 식량, 의약품, 의류 등 생활용품, 물질순환(산소 및 맑은물 공급), 안락한 휴식처 제공, 연구 및 교육의 장, 질병 치료할 수 있는 근원 제공(진화를 알면 질병도 뚝딱!)

6. 동일한 초기집단의 후손으로서 자연에서 서로 성공적으로 교배할 수 있는 능력을 가진 유사한 구조적 형질을 가진 개체들의 집단을 종이라 함

생명분자는 어디서 온 것일까?

생명분자의 기원에 대해 알아보자. 생명분자의 기원에는 코아세르베이트, 프로테노이드, 마이크로스피어, 핵산(RNA/DNA), 아미노산 중합, 원시세포로 구조화, 진핵세포-엑소좀으로 설명가능하다(그림 1-5).

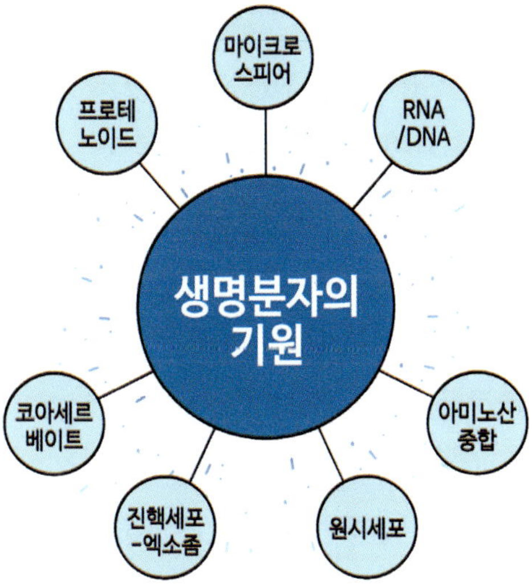

그림 1-5 생명분자의 기원 : 코아세르베이트, 프로테노이드, 마이크로스피어, 핵산(RNA/DNA), 아미노산 중합, 원시세포로 구조화, 진핵세포-엑소좀으로 설명가능하다.

1920년, 러시아 생화학자 오파린(1894-1980)은 세포를 구성하는 성분이 고대 지구의 바다 속에 녹아 있었다라고 생각하고 그 물질을 코아세르베이트라고 명명하였다. 즉, 오파린은 고대 지구에 존재하였던 암모니아, 메탄 등의 단순한 물질에 방전(낙뢰)에 의해 아미노산 같은 생체구조적인 물질이 생성되었다라고 생각하였다(그림 1-6).

1953년 밀러가 이 가설을 실험적으로 증명하였는데, 실험 방법은 다음과 같다. 고대 지구 모형을 만들고, 고대 대기의 모델인 메탄, 암모니아, 수소, 수증기의 기체 혼합물을 만든다. 그 후, 큰 5리터 플라스크 내에 전기스파크(낙뢰)를 주면서, 작은 플라스크에서 물을 끓여 스파크에 수증기를 제공한다. (가열하는 물은, 고대의 열에 의해 가열, 증발되는 바다를 연상) 이후 대기는 식어서 비가 되어 지표로 내리고 그것을 표현하기 위해, 유리관 중간에 차가운 냉각수를 두어 더운 수증기가 닿자마자 액화되어 유리관에 맺히게 된다. 물방울은 공기보다 무거워서 아래로 떨어지게 되는데 이 상태로 일주일이 지나면 아래에 모인 액체는 스파크에 의해 형성된 화합물이 된다. 이 화합물은 아미노산을 포함한 다양한 물질인 것이다(그림 1-7).

코아세르베이트란 여러 유기물이 모인 액체 방울 형태의 무생물을 말한다(그림 1-8). 유기물들이 물 분자를 붙여 콜로이드 입자 상태로 존재하다가 서로 모여 막이 생기면 코아세르베이트가 생겨난다. 코아세르베이트는 생명체라고는 할 수 없으나 외부 물질을 받아들이고 내부 물질을 밖으로 내보내기도 하며, 일정크기 이상이 되면 둘로 분열되는 등 생명체와 같은 특징을 보인다. 좀 더 자세히 알아보자면 코아세르베이트는 친수 콜로이드에 다른 이물질을 첨가하거나 온도를 변동시키면 콜로이드가 풍부한 액체상과 빈약한 액체상으로 분리되는데, 이때 콜로이드가 풍부한 액체상을 이르는 말이다. 단세포 생물과 비슷한 현상을 보여 생물 발생의 최초 단계로 생각된다.

1950년대 미국의 폭스는 원시지구에서 화산활동에 의한 열이 매우 중요한 역할을 한다고 생각하고, 고대 대기라고 예상했던 기체에 950~1050도의 열을 가해 다양한 아미노산을 만들었다.

그림 1-6 오파린 가설 : 오파린(1894-1980)은 세포를 구성하는 성분이 고대 지구의 바다 속에 녹아 있었다라고 생각하고 그 물질을 코아세르베이트라고 명명하였다. 암모니아, 메탄 등의 단순한 물질이 낙뢰에 의해 아미노산같은 생체구조물질이 생성되었다고 생각하였다.

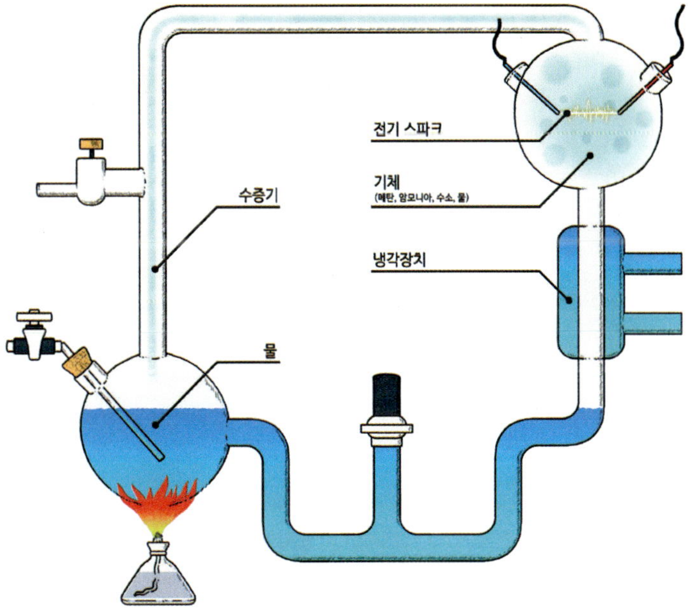

그림 1-7 밀러의 실험 : 고대 지구 모형을 만들고, 메탄, 암모니아, 수소, 수증기의 기체 혼합물을 만든다. 큰 5리터 플라스크 내에 전기스파크(낙뢰)를 주면서, 작은 플라스크에서 물을 끓여 스파크에 수증기를 제공한다. 물방울은 공기보다 무거워서 아래로 떨어지게 되는데, 이 액체가 스파크에 의해 형성된 화합물이며, 아미노산을 포함한 다양한 물질이다.

그림 1-8 코아세르베이트 형성 : 여러 유기물이 모인 액체 방울 형태의 무생물을 말한다.

프로테노이드는 원시단백질의 모델이며, 아미노산의 종류에 따라 400~10000달톤 정도의 분자량을 가지는 펩타이드 유사산물의 40% 정도가 150~180도의 온도에서 생산됨을 발견하였다. 이 중합체를 프로테노이드(열 단백질)라고 명명하고, 원시 단백질의 모델로 제시하였으며 프로테노이드를 물에서 끓인 다음, 식도록 방치했을 때, 둥근 알갱이를 발견하는데, 이는 2중막으로 구성되어 있으며 박테리아와 유사한 형태였다. 이를 마이크로스피어라고 명명하였다(그림 1-9).

그림 1-9 아미노산의 중합체 프로테노이드(열 단백질)를 원시단백질의 모델로 제시한 시드니 폭스는 프로테노이드를 물에서 끓인 다음, 식도록 방치했을 때, 둥근 알갱이를 발견하여 마이크로스피어라고 명명하였다.

마이크로스피어는 세균처럼 염색도 가능하고, 효모처럼 출아도 한다. 또한 마이크로스피어 사이의 접합을 통하여 프로테노이드 입자가 통과하는 것은 정보 운반의 가능성을 시사한다. 마이크로스피어를 구성하는 물질로는 이동성유전인자, miRNA, mRNA, mtDNA조각, 유전체 조각, 각종 단백질 등이다(그림 1-10).

원시생명체의 탄생 배경을 요약 정리하면, 탄소, 수소, 산소, 질소, 인 등의 원소들은 자외선 및 방전에너지를 통해 무기화합물(메탄, 암모니아 등)이 되고, 다시 열 에너지를 이용하여 아미노산 및 단당류, 염기 등 단순한 유기화합물이 되어 pH 등의 조건 변화를 거쳐 단백질, 핵산 및 ATP 등의 복잡한 유기 화합물이 된다. 이들의 유기화합물들은 액체 방울 형태인 코아세르베이트를 거쳐 최초의 생명체가 되었다고 할 수 있다. 즉, 원시 생명체의 기원은 원시 바다에 축적된 유기물 복합체가 세포막 구조를 획득하여 원시 세포로 발전하고, 원시 세포가 자기 복제 능력과 단백질 합성 능력을 갖게 되어 원시 생명체가 탄생하였을 것으로 추정된다. 원시 생명체가 갖추어야 할 생명의 특성에는 막 구조를 지니고 간단한 물질대사를 하는 원시 세포가 자기 복제계와 단백질 합성계를 갖추어야 진정한 원시 생명체라 할 수 있다. 또한, 세포막에 의해 생명체와 환경이 구분되어 있으며, 막을 경계로 물질의 이동이 가능해야 하며, 유전 물질이 있어서 자기 복제를 할 수 있어야 한다. 뿐만 아니라 물질대사가 일어날 수 있도록 촉매 역할을 하는 물질(단백질)이 있어야 한다. 리포솜(인지질과 콜레스테롤로 만드는 미세한 마이크로캡슐)에 의해 분리된 환경 속으로 단백질과 핵산이 들어왔고, 이에 따라 여러 가지 물질대사와 자기 복제가 가능하게 됨으로써 원시 생명체가 등장했을 것으로 추정한다.

유전물질에 있어서는 DNA와 RNA의 세계가 있는데, RNA가 먼저 생성이 되었다. 이 RNA가 DNA를 탄생시키고, 이 DNA는 mRNA를 만들어 내고, mRNA는 단백질을 만들어 내는데 주형으로 이용된다. 이렇게 생성된 단백질들은 몸에서 다양한 역할을 하게 된다.

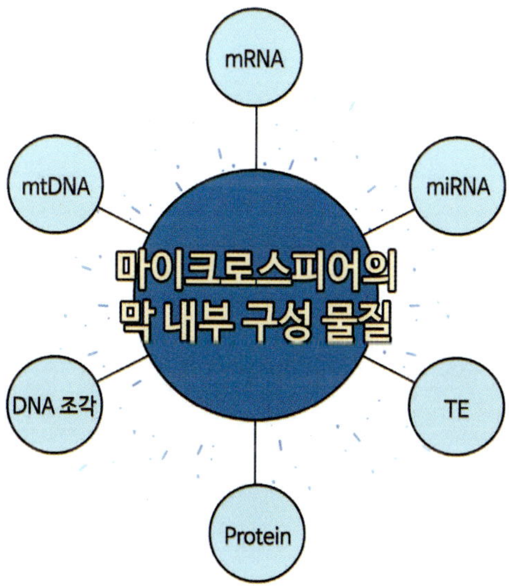

그림 1-10 이중막의 마이크로스피어 구조와 이들이 출아하는 형태는 엑소좀(exosome)의 세계와 유사하다.

리보자임은 RNA로서 유전자의 기능과 효소로서의 역할을 가진 것이다.

Ribozyme = Ribonucleic acid + enzyme

(RNA 분자 단독으로 효소 활성을 나타내는 것의 총칭)

리보자임은 stem-loop의 회문(palindrome)구조를 가진다. 회문구조를 가짐은 miRNA를 탄생시켜 다양한 생물학적인 기능을 수행할 수 있다. 바이러스 출신 유래의 이동성유전인자 또한 회문구조를 가짐으로 인하여 miRNA를 만들어 낸다. 이러한 miRNA들은 다양한 혈관 형성, 전이, 세포의 성장, 증식, 분화 및 각종 면역 시스템에서 다양한 기능을 하게 된다.

앞에서 학습한 이중막의 마이크로스피어 구조와 이들이 출아하는 형태는 오늘날 엑소좀(exosome)의 세계와 유사하다(그림 1-11). 유전정보에 의한 전사 및 번역과정을 거쳐 골지체로 이동한 다양한 물질들은 작은 소포낭으로 형성되는데, 이러한 소포낭들은 엑소좀을 방출한다. 엑소좀에는 어떠한 물질들이 탑재되어 있을까? 이동성유전인자, miRNA, mRNA, mtDNA조각, DNA조각, 각종 단백질들로 내재되어 있다. 이러한 정보들이 엑소좀 안에 들어 있다는 것은 실로 놀라운 일이며, 엑소좀의 크기가 작아 모세혈관까지 통과 할 수 있어서 오늘날의 암 및 다양한 질병연구에 있어서 중요한 연구 재료 및 질병 바이오 마커 개발로 이어지고 있다. 21세기 생명과학의 중요한 문제인 암과 노화의 연구과제에서 엑소좀에 내재되어있는 miRNA와 이동성유전인자를 연구하면 그 해답을 얻을 수 있을 것이다.

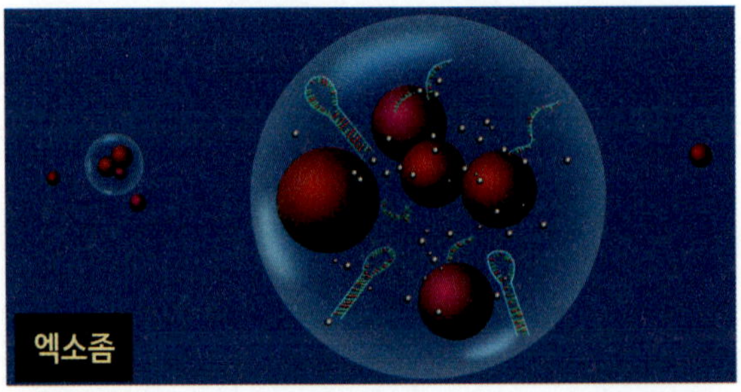

그림 1-11 엑소좀의 세계 : 엑소좀에는 이동성유전인자, miRNA, mRNA, mtDNA조각, 유전체 조각, 각종 단백질들이 내재되어 있다.

학습 요약 정리

1. **| 생명분자의 기원 |** 코아세르베이트, 프로테노이드, 마이크로스피어, 핵산, 아미노산 중합, 유기화합물

2. **| 원시 생명체의 탄생 |** 유기물 복합체가 세포막 구조를 획득하여 원시세포로 발전하고, 자기 복제계와 단백질 합성계를 갖춤

3. 초기 형태의 생명체가 진화할 수 있도록, 첫 번째 유전물질과 효소는 무엇일까?
RNA-Ribozyme

4. 마이크로스피어 구조와 이들이 출아하는 형태는 오늘날 엑소좀(exosome)의 세계와 유사함

5. 엑소좀에서 탐지되는 miRNA들은 다양한 혈관 형성, 전이, 세포의 성장, 증식, 분화 및 각종 면역 시스템에서 다양한 기능 수행

2 세포의 구조와 기능

생명의 화학과 생명 분자란 무엇인가?

생명체를 이루는 세포의 상대적 크기를 살펴보자. 동식물 세포는 광학현미경으로 볼 수 있으며, 100마이크로미터의 크기이다. 바이러스는 100나노미터의 크기로 전자현미경으로 보아야 한다. 따라서, 원자와 생명분자의 상대적 크기에서는 원자-아미노산-단백질-바이러스-엽록체-박테리아-동식물 세포-사람의 난자-개구리 알-개미-생쥐-사람의 순으로 크기가 다양하다. 생명의 화학과 생명 분자에 대해 생각하기 전에 스스로에게 질문해보자. 바이러스는 생명체일까? 바이러스 중 대표적인 것은 에이즈를 야기하는 인간 면역결핍 바이러스(비생명체)가 있다. 이 바이러스는 생명의 특성 중 물질대사, 반응성, 생식을 하지 못하는 비 생명체이지만 내부적 정렬성, 운동성, 진화라는 생명의 특성을 지니고 있다. 숙주세포로 잠입한 바이러스는 바이러스가 가진 RNA유전 정보를 숙주세포의 핵 내 깊숙이 침투 시켜서 RNA는 핵 내의 유전정보를 활용하기 위해 DNA상태로 만든다. 이후 숙주세포의 염색체 내에 프로바이러스 상태로 내제되어 있다. 때가 되면 이것이 전사 번역과정을 거쳐서 숙주세포의 핵공을 빠져나온다. 세포질에서 바이러스가 가진 고유의 입자들을 재조립을 하여 바이러스는 숙주세포를 떠난다.

인체의 원소, 원자, 화학결합

원소란 더 이상 쪼갤 수 없는 물질이다. 화학원소 118종 중, 89종이 자연계 원소이며 19종이 인공원소이다. 7종 원소가 지각을 이루고, 그 중 산소, 실리콘, 알루미늄이 98%를 차지한다, 인체를 이루는 원소는 40여 종, 그 중 98%가 탄소, 수소 및 산소이다.

각 원소는 원자로 구성되어있다. 원자란 원소의 화학적 성질을 갖는 가장 작은 입자이다. 분자란 둘 또는 그 이상의 원자들이 화학결합에 의해 결합된 것이다. 예로는 물 분자가 있다. 원자의 구조는 양전하의 양성자, 음전하의 전자, 전하를 갖지 않는 중성자로 구성이 되어있다. 전자 수의 변화로 원자가 양전하 또는 음전화를 가진 변화를 이온이라고 한다.

둘 또는 그 이상의 원자들이 화학결합을 통해 분자를 형성하며, 화학 결합은 에너지를 붙이는 풀이라 할 수 있다. 화학결합에는 공유결합, 수소결학, 이온결합의 3종류가 존재한다. 이러한 결합에 대해 하나씩 살펴보자. 공유결합이란 두 원자 간의 전자쌍을 공유하여 이어진 화학결합이다. 수소결합이란 극성분자들은 수소결합을 할 수 있으며 물 분자 간에는 수소결합이 이루어진다. 수소결합은 공유결합에 비해 약하여 쉽게 파괴될 수 있다. 이온결합은 한 원자로부터 전자가 다른 원자로 완전히 이동하는 것을 의미한다. 예로 소금은 Na와 Cl의 결합이라 할 수 있다. 따라서 이온 결합은 수소결합보다는 강하지만 공유결합보다 약하다.

생명에 필수적인 물 !

우리 몸에 물이 얼마나 포함되어 있을까? 성인의 약 70%가 물로 이루어져 있다. 몸의 많은 부분을 차지하는 만큼 물이 우리에게 중요하다고 할 수 있다. 수소결합이 물 분자 간에 결합을 하게하며 물의 응집력에 의해 표면장력을 갖게 하는데 이는 물의 성질 중 물리적 성질이다. 뿐만 아니라, 수소결합은 물 분자 간 및 토양, 유리 등과 결합하게 하고, 물의 응집력에 의해 수서 곤충들이 물 표면을 기어 다닐 수 있게 하며, 물은 열용량이 커서 체온유지에 용이하며, 어는 물 분자간의 수소 결합은 얼음이 물 위에 뜰 수 있도록 한다. 물의 화학적 성질에 있어서는 물은 용매로써 여러 가지 물질을 잘 녹이며, 극성용질은 물에 잘 녹으므로 친수성 분자라고 하며, 기름같은 비극성 용질은 물에 녹지 않으므로 소수성 분자라고 한다.

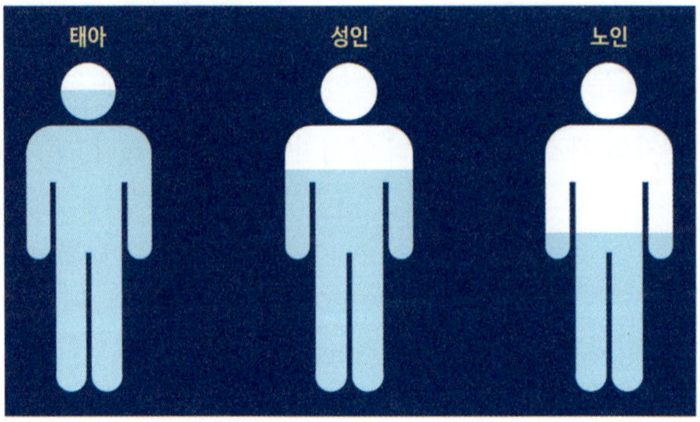

그림 2-1 태아의 몸은 90%가 물로 구성되어 있으며, 성인은 70%, 노인은 50%의 물을 가지고 있다.

물에 관련된 생활의 지혜를 살펴보면, 물은 1개의 산소와 2개의 수소가 공유결합된 구조로서 생명유지에 필수적이다. 체내 물이 1-2%부족하면 심한 갈증과 괴로움을 느끼고, 5%정도 잃으면 맥박과 호흡이 증가하고, 정신이 혼미해지며, 체온조절능력이 상실되어 혼수상태에 이르게 된다. 태아의 몸은 90%가 물로 구성되어 있으며, 성인은 70%, 노인은 50%의 물을 가지고 있다(그림 2-1). 물은 우리 인간에게 생명의 시작과 끝을 알려준다고 할 수 있다. 물은 세포의 형태 유지, 체내 신진대사 촉진, 노폐물 배출, 영양소 흡수를 용이하게 하며, 땀의 발산을 통해 체온을 조절, 원활한 혈액순환, 체지방 분해, 천식 및 알레르기 증상완화, 감기 및 기관지 질환 예방, 고혈압 및 당뇨병 예방, 요로결석, 다양한 종류의 암 질환 예방역할을 한다. 물은 우리를 건강한 세계로 안내해주는 매개체라 할 수 있다. 이외에도 소금은 생명유지에 필수적이라 할 수 있으며 염은 물에 녹는다. 체내에서는 나트륨이 신경세포의 자극 전달에 이용된다. 즉, 자극에 대한 반응을 보이는 데 필수요소인 것이다. 하지만 이러한 물에는 기름과 같은 소수성 분자, 비극성 용질은 섞이지 않는다.

산성과 염기성

산이란 물에 녹았을 때 수소이온을 내는 물질로 양성자 공여자이며, 염기는 물에 녹았을 때 수소 이온을 받는 물질로 양성자 수여자이다. pH 값에 따라 산, 염기 등 특성이 존재한다. 우리 몸도 각 부위에 따라 여러 pH 값이 존재하는데, 예로 위는 산성을 띠고 있다. 이러한 위가 계속 산성으로 유지 될 수 있는 데에는 어떠한 것들이 관여하고 있을까? 위산과 그 염기의 완충액을 살펴보면 되리라. 화학물에 산이나 염기를 가하여도 pH의 변화를 일으키지 않도록 하는 것을 완충액이라 한다.

생명분자: 탄수화물, 지질, 단백질, 핵산

생명분자들은 모든 생명체에 존재한다. 4가지 주요 생명분자에는 탄수화물, 지질, 단백질, 핵산이 있다. 탄소화합물은 생물의 유기 화합물을 탄소가 기본 골격이며, 무생물의 무기 화합물은 탄소를 기본 골격으로 갖지 않는다. 이 탄소 골격에 대해 보자면, 탄소는 전자들과 친화력이 크므로 쉽게 공유결합을 형성할 수 있고, 인체 질량의 18%가 탄소이며 나무는 질량의 50%가 탄소이다.

탄수화물은 세포의 구조성분과 에너지 저장 분자이며 탄소, 수소, 산소가 1:2:1로 존재한다. 서로 다른 탄소 부위에 -OH가 결합함으로써, 탄수화물들은 조금씩 다른 성질을 나타낸다. 에이즈 바이러스의 외피도 탄수화물로 이루어져 있다.

단당류는 탄소수가 3-6개로 이루어져 있으며 이당류는 단당류 2분자가 결합한 것으로 예로는 포도당과 과당이 결합하여 생긴 설탕이 있다. 단당류 소단위들이 이룬 긴 사슬을 다당류라 한다. 여기에는 전분(식물의 기본 에너지원), 글리코겐(동물의 저장형 에너지로서, 간과 근육에 주로 저장됨), 셀룰로오스(녹색식물의 세포벽의 주성분), 키틴(식물과 곤충에서 견고한 형태를 유지시켜주는 구조적 다당류)이 있다. 단백질도 체내에서 다양한 역할을 하고 있다.

1. 세포의 구조 성분(예, 근육 단백질)
2. 세포 공정의 조절(예, 물질대사의 단계들)
3. 신호 전달자 역할(예, 호르몬)
4. 체내에서의 물질 운반(예, 헤모글로빈)
5. 질병으로부터의 방어(예, 항체)
6. 반응의 촉진(예, 효소)
7. 수용체로 작용(예, HIV의 수용체)

단백질은 구조가 그 기능을 결정한다. 단백질은 아미노산으로 구성되어 있는데, 아미노산은 단백질의 구조골격 성분으로 20종의 아미노산들이 있으며 아미노산들은 펩티드 결합을 통해 폴리펩티드를 형성한다. 단백질의 구조는 4차 구조까지 존재한다(그림 2-2; 2-3). 각 구조의 특성은 다음과 같다.

- **1차 구조** 아미노산의 결합서열
- **2차 구조** 폴리펩티드가 규칙적으로 감기거나 꺾인 구조 (α-나선구조와 β-병풍구조)
- **3차 구조** 2차구조의 폴리펩티드가 감기고, 꺾여서 공 모양의 입체구조를 한 것 (예, 미오글로빈)
- **4차 구조** 3차 구조 여러 개가 모여 3차원적 구조를 하는 것 (예, 헤모글로빈)

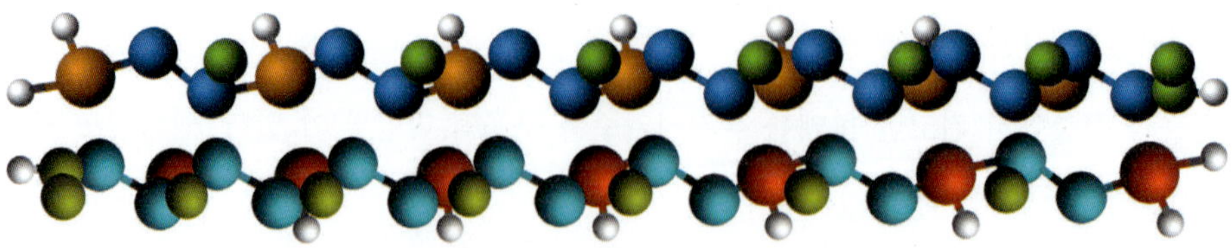

그림 2-2 아미노산의 결합으로 폴리펩티드 형성

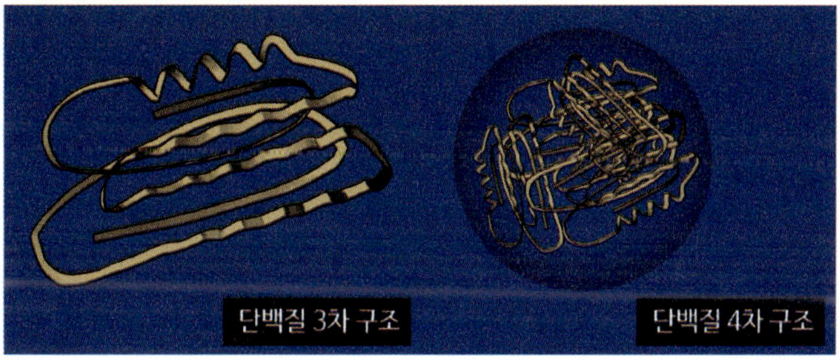

그림 2-3 단백질의 3차 및 4차 구조

단백질에서 구조가 단백질 분자의 전체적 모양을 결정하며, 단백질 분자의 전체적 모양이 생명체 내에서 그 단백질 기능을 결정해 준다. 즉, 생명체 단백질들의 기능들이 그 생명체가 어떻게 생겼는지, 그리고 생명활동을 어떻게 수행하는지를 결정한다는 것이다.

지질은 물에 녹지 않으며, 식물과 동물에서의 에너지 저장 분자이다. 지질은 지방과 왁스, 스테로이드를 구성한다.

- **지방** – 고체형 저장 분자(액체형은 기름)
- **왁스** – 반고체형 지질
- **스테로이드** – 비타민, 호르몬, 콜레스테롤 등

핵산의 종류는 DNA와 RNA가 있으며. 이들은 화학적 '생명 암호'를 운반한다. 앞에서 배웠듯이 RNA는 새로운 HIV입자들 생성에 필요한 정보를 운반한다.

학습 요약 정리

1. 바이러스는 생명의 특성 중 물질대사, 반응성, 생식을 하지 못하는 비 생명체이지만 내부적 정렬성, 운동성, 진화라는 생명의 특성을 지님

2. 탄소, 수소, 산소 등의 생명원자들은 화학결합(공유, 수소, 이온결합)으로 생명분자를 형성

3. 지구상의 생명체는 탄수화물, 지질, 단백질, 핵산 등의 생명분자들로 구성

4. **체내에서 단백질의 다양한 역할**
   - 세포의 구조 성분(예, 근육 단백질)
   - 세포 공정의 조절(예, 물질대사의 단계들)
   - 신호 전달자 역할(예, 호르몬)
   - 체내에서의 물질 운반(예, 헤모글로빈)
   - 질병으로부터의 방어(예, 항체)
   - 반응의 촉진(예, 효소)
   - 수용체로 작용(예, HIV의 수용체)

생명체를 이루는 '세포'

세포는 로버트 후크가 원시적 현미경 사용 중 코르크 조각 내의 방을 발견하고 '세포'라 부른데서 기원한다(그림 2-4). 세포설에 의하면 모든 생명체들은 하나 또는 그 이상의 세포들로 이루어져 있으며, 생명체 내에서 세포들은 기본적 생명단위이며, 생명현상을 위한 화학적 반응들은 세포들 안에서 일어난다. 또한, 모든 세포들은 기존의 세포들로부터 생긴다. 세포에는 다양한 종류가 있으며, 난자와 정자 같은 생식세포, 아메바, 세균세포, 상피세포, 신경세포가 있다. 우리 몸에는 수많은 원자가 있다. 이러한 세포 하나에 들어있는 원자는 100조 개이므로 사람의 몸에 있는 총 원자 수는 100조에 100조를 곱한 1양으로 10의 28승이라 할 수 있다. 또한, 하나의 세포에는 수천 개의 안테나가 있다. 이 안테나는 에너지 신호에 반응하며 신호를 주고받는다.

그림 2-4 로버트 후크가 원시적 현미경 사용 중 코르크 조각 내의 방을 발견하고 '세포'라 명명하였다.

진핵세포는 DNA가 단백질과 함께 핵 내에 존재하며, 막-결합 세포소기관들을 함유하고 있다. 하나의 세포 내에 많은 수의 미토콘드리아를 볼 수 있다. 특히 근육세포에는 많은 미토콘드리아가 있는데, 이는 미토콘드리아가 에너지를 만드는 역할을 수행하고 있기 때문이다.

동물 세포와 식물세포는 차이와 공통점이 존재한다(그림 2-5). 식물세포에는 동물세포에 없었던 액포와 엽록체가 존재한다. 동물세포는 세포벽이 없으며 둥근 모양으로 유연하다. 독립적 영양생활을 하지 않으며, 동물의 배설활동을 통해 노폐물이 쌓이지 않아 액포가 발달해 있지 않다. 식물세포는 세포벽이 있으며 단단하고, 노폐물을 몸 밖으로 배출하지 않아 액포가 발달해 있으며, 엽록체를 지니고 있다. 엽록체는 광학성을 통해 양분을 만들어 낸다.

원핵세포는 DNA가 세포질에 흩어져 있으며, 막-결합 세포소기관들을 갖지 않는다. 진핵세포들보다 먼저 진화 하였으며 예로는 세균류와 고세균류가 있다. 세포의 구성 요소들을 살펴보면 세포막을 가로지르며 물질의 교환이 이루어지는 원형질막이 있다. 이 원형질막은 선택적 투과성을 지니고 있으며, 확산과 촉진화산, 능동수송에 의해 물질이동이 이루어진다.

- **확산(diffusion)** 작은 분자들이 농도기울기를 따라 원형질막을 가로지르는 자연적 물질이동
- **촉진확산(facilitated diffusion)** 단백질의 도움에 의해 농도기울기를 따라 원형질막을 가로 지르는 물질이동
- **능동수송(active transport)** 에너지 소모에 의해 농도 기울기를 거슬러 원형질막을 가로지르는 물질이동

원형질막을 통해서 거대분자의 이동도 이루어지는데, 이는 식세포 작용을 통해 진행된다. 식세포 작용이란 세포가 큰 입자를 세포 안으로 끌어들이는 작용으로 세포내 섭취의 한 형태이며 대상이 세균일 경우에는 식균작용이라고 한다. 세포내 섭취작용은 세포막이 함입하여 분자무리들 주위를 둘러싸 소낭을 형성한 후, 세포 안으로 끌어들이는 물질 이동이다. 이와 반대로 물질을 둘러싼 소낭이 막과 원형질막이 융합한 다음, 소낭의 내용물이 세포 밖으로 방출되는 물질 이동은 세포외 배출작용이라 한다.

그림 2-5 식물세포(좌)와 동물세포(우). 식물세포에는 동물세포에 없었던 액포와 엽록체가 존재한다. 동물세포는 세포벽이 없으며 둥근 모양으로 유연하다.

세포의 구성원

세포 내에 존재하는 핵은 유전물질을 함유하고 있으며 핵막으로 둘러 싸여 있다. 세포 활성의 대부분을 조절하며, 정보 전달의 순서는 DNA- RNA-단백질의 순으로 이루어진다.

핵 속에는 인이 존재 하는데, 인은 1개로 존재하거나 여러 개가 존재하다가 세포분열시 사라졌다가 분열 후 다시 나타나게 된다. 리보솜 합성을 위한 rRNA가 합성되는 장소이기도 하다.

염색체는 유사분열이나 감수분열의 중기세포에서 가장 뚜렷하게 관찰된다. 따라서 염색체의 수나 구조에 관한 연구는 세포분열의 중기에 실시한다. 유전형질의 발현을 조절하는 유전자를 포함하고 있으며, 세포내 거의 모든 DNA는 핵 내부 염색체의 형태로 존재한다. 생물 종의 다양성에 따라 염색체의 수나 구조가 서로 다르며, 생명체로서 존재하는 한 염색체는 영속적으로 자손에게 전달된다. 인간의 염색체 수는 46개이며, 침팬지 및 고릴라는 각각 48개이다.

세포질은 세포 소기관들이 들어있는 반유동성 액체이며 70%가 물, 20%가 단백질, 그 외의 물질 10%로 이루어져 있다. 리보솜은 단백질 합성 부위이며 유리형과 리보솜에 결합형이 있다. 조면소포체는 세포질 안에 있는 넓적한 막성 구조물로 리보솜이 결합되어 있다. 활면소포체는 지질에 녹는 물질들에 대한 해독작용을 하며, 여러 종류의 지질을 합성하며 칼슘이온을 저장한다.

골지체는 새로 만들어진 단백질을 변형시키고 변형이 완료된 단백질을 그 활성을 가지는 세포의 다른 부위로의 이동을 지시한다. 조면 소포체로부터 운반되어 온 단백질에 골지체에서 만들어진 다당류가 첨가되어 당단백질이 형성된다. 이것이 농축포가 되어 세포의 외부로 방출된다. 지방을 단백질과의 복합체 또는 유미과립으로 만들어 핏속으로 방출한다. 그 결과, 리소좀을 형성한다. 리소좀은 여러 종류의 소화효소들을 가지는 막으로 싸인 주머니 구조물이다. 이는 약 50여종의 가수 분해효소를 함유하고 있다. 단백질, 다당류, 지질, 핵산 등의 생체 거대 분자를 아미노산, 단당류, 뉴클레오티드 등으로 분해한다. 외부로부터 식세포작용이나 음세포작용으로 받아들인 이물질의 제거, 과잉 생산된 분비과립, 불필요한 세포내 기관의 제거 기능을 한다.

세포 골격은 세포질 내에서 결정을 형성하는 단백질 섬유들의 3차원적 구조물로서, 세포소기관들의 지지 및 세포 부위들의 이동을 담당한다. 중심립은 세포골격 형성을 돕고, 세포분열 때 염색체의 분리와 이동을 담당한다.

세포간 연접은 동물세포들이 서로 결합하는 방식으로 대부분 섬유성 단백질 또는 세포 주위를 둘러싸고 접착제 역할을 하는 세포외기질에 의해 부착된다. 그 예로는 밀착연접, 부착연접 및 간극연접이 있다. 밀착 연접은 세포-세포 사이 공간을 통한 화학물질의 이동을 차단한다. 부착연접은 세포-세포 또는 세포와 세포 외 기질을 연결시킨다. 간극연접은 세포-세포 사이의 작은 분자들의 이동을 허용한다.

미토콘드리아는 세포의 에너지 ATP생성 공장이다. 이는 모든 세포 활동에 필요한 연료를 제공하며 기능이 상실된 세포를 죽인다. 또한, ATP생성과정에서 활성산소를 유발하고 활성산소는 암, 당뇨병, 고혈압, 심장병을 야기한다.

학습 요약 정리

1. **핵** - 세포활동을 조절하는 유전정보를 가짐
2. **리보솜** - 단백질 합성, 소포체에 붙어 있음
3. **소포체** - 단백질 방출, 지질합성 및 해독작용
4. **골지체** - 당단백질 및 유미과립 형성, 방출
5. **리소좀** - 소화효소로 생체분자 분해
6. **미토콘드리아** - 에너지 수확 및 ATP 방출
7. **세포골격** - 세포소기관 지지 및 이동

3 생명의 유전정보 DNA

유전자란 무엇인가?

1850년대에 멘델은 유전인자들이 생명체의 물리적, 화학적 및 기능적 특성에 관여함을 결정한다고 생각했는데, 오늘날 이 인자들을 '유전자'라고 부른다. 또한 과학자들은 유전자의 실체가 단백질인지 핵산인지에 대해 의문을 품었다. 1928년에 그리피스는 폐렴쌍구균으로부터 어떤 화학물질을 분리하였고, 이 물질이 다른 세균에 유전적 특성들을 전달 할 수 있음을 밝힌다. 이러한 DNA 유입에 의해 한 유전형질(질병 유발 능력)이 전달되는 현상을 형질전환이라 한다. 폐렴쌍구균은 S타입과 R타입이 있다. 살아있는 S타입은 쥐의 죽음을 유발하며, R균은 그렇지 못하다. S타입의 폐렴쌍구균에서 생명분자들을 추출하여 탄수화물, 단백질, DNA를 분리하여 쥐에 주사하였다. 여기서 탄수화물, 단백질을 넣은 쥐는 살았지만, S타입의 폐렴쌍구균의 DNA를 주사한 쥐는 죽었다. 이에 DNA는 형질전환물질임을 알 수 있다. 열처리한 S균주와 살아있는 R균주를 주입한 쥐는 죽었는데, 죽은 쥐로부터는 살아있는 S균주가 발견되었다. 이는 S균주의 DNA성분이 R균주를 형질전환 시켰음을 의미한다(그림 3-1).

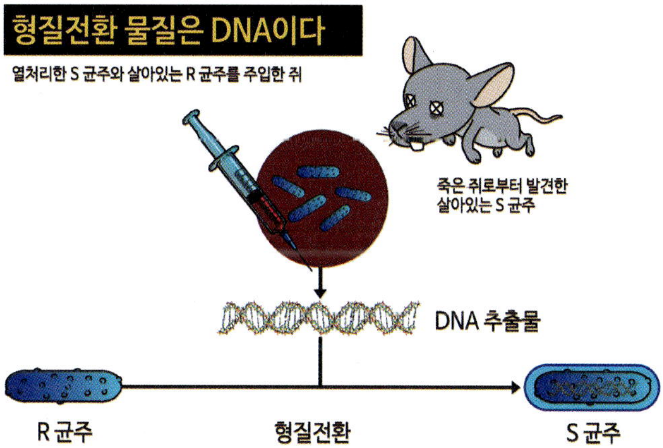

그림 3-1 형질전환 실험의 예 : 살아있는 S균주는 쥐의 죽음을 유발하며, R균주은 그렇지 못하다. 열처리한 S균주와 살아있는 R균주를 주입한 쥐는 죽었다. 죽은 쥐로부터 살아있는 S균주가 발견되었다. 즉, 열처리한 S균주의 DNA가 R균주를 같은 형의 S균주로 형질전환 시켰다.

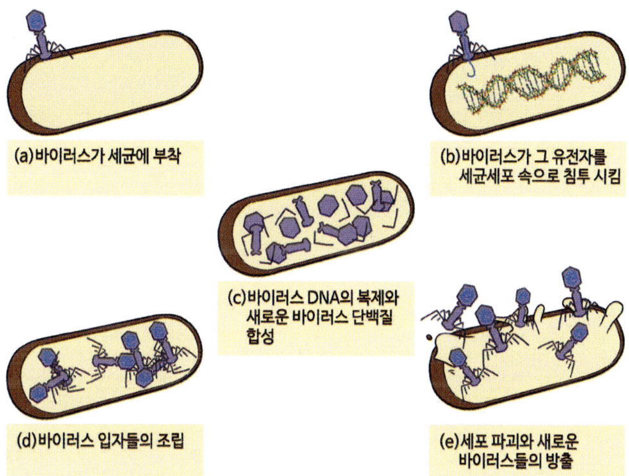

그림 3-2 박테리오파지의 생활사 : 박테리오파지가 세균에 부착하여 박테리오파지가 자신의 유전자를 세균세포 속으로 침투 시키고, 박테리오파지DNA의 복제와 새로운 박테리오파지 단백질 합성을 이뤄내고 박테리오파지 입자들을 조합시켜 세포 파괴와 새로운 박테리오파지들의 방출이 일어난다.

이후, 1952년에 허시와 체이스는 바이러스 박테리오파지를 세균에 감염시켜 번식시키는 실험방법을 이용했다(그림 3-2). DNA는 인을 함유하고, 단백질은 유황을 함유하고 있다는 점을 이용하여 방사성동위원소로 인과 황에 표시를 하였다. 이에 표시한 인이 감염시킨 세포에서 나타났고, 표시한 황이 감염세포 밖에 나타났다. 이는 DNA가 세포 속으로 들어갔음을 말해주는 것이다. 파지 DNA가 결국 감염시킨 세포를 죽이며, 유전자는 DNA로 구성되어있음을 알 수 있다. 이러한 박테리오파지의 생활사를 살펴보면, 박테리오파지가 세균에 부착하여 박테리오파지가 자신의 유전자를 세균세포 속으로 침투 시키고, 박테리오파지DNA의 복제와 새로운 박테리오파지 단백질 합성을 이뤄내고 박테리오파지 입자들을 조합시켜 세포 파괴와 새로운 박테리오파지들의 방출이 일어난다.

DNA분자의 구조

DNA가 유전물질임을 알 수 있었는데, 이 DNA의 분자의 구조는 어떠할까? 이에 대한 연구는 1953년 왓슨과 크릭이 최초로 결정하였다(그림 3-3). DNA는 두 가닥의 뉴클레오티드 사슬로 구성되어 있으며, 각 뉴클레오티드는 하나의 염기에 결합된 당 및 당에 연결된 인산으로 이루어 져 있음을 밝혔다. 플랭클린이 수행한 X-선 회절상의 도움으로 왓슨과 크릭은 DNA가 이중나선임을 확정 하였으며, 왓슨과 크릭은 이러한 DNA구조 규명으로 1962년도 노벨상을 수상하였다.

그림 3-3 왓슨과 크릭이 1953년 DNA구조를 최초로 결정하였다.

DNA는 2개의 뉴클레오티드 사슬로 이루어져 있다. 2가닥의 뉴클레오티드 사슬은 서로 반대 방향으로 이루어져 있으며, 당-인산 지지구조는 나선형 사다리 구조의 바깥쪽에 존재한다. 염기들은 사다리의 단과 같고, A는 T, G는 C와 쌍을 이루며, 이들은 수소결합으로 연결되어있다. 이 사슬들은 서로 꼬여서 이중나선 구조를 이루고 있다(그림 3-4).

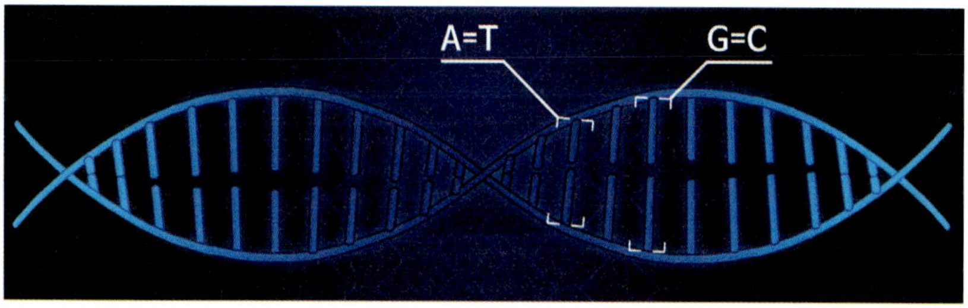

그림 3-4 DNA이중나선의 구조 : DNA는 2가닥의 뉴클레오티드 사슬은 서로 반대 방향으로 이루어져 있으며, 당-인산 지지구조는 나선형 사다리 구조의 바깥쪽에 존재한다. 아데닌은 티민, 구아닌은 시토신과 쌍을 이루며, 이들은 수소결합으로 연결되어있다. 이 사슬들은 서로 꼬여서 이중나선 구조를 이루고 있다.

왓슨-크릭 DNA이중나선 모델의 특징

두 가닥의 긴 폴리뉴클레오티드 사슬이 중심축을 돌아 오른쪽 꼬임의 이중나선을 형성한다.

1. 두 가닥의 사슬은 서로 역평행이다.
2. 사슬 내의 염기들은 3.4Å 떨어져 축과 직각으로 쌓여있다.
3. 반대 사슬의 염기들은 수소결합으로 쌍을 이룬다 (A=T; G=C 상보적 염기쌍)
4. 나선이 한 회전은 34Å의 길이이고, 1회전 당 10개의 염기쌍이 존재한다.
5. 주홈과 부홈이 축을 따라 교대로 나타난다.
6. 이중나선의 직경은 20Å정도이다.

염기들을 퓨린고리와 피리미딘 고리로 나눌 수 있다. 시토신, 우라실, 티민은 피리미딘 고리이며, 구아닌, 아데닌은 퓨린 고리이다. 핵산의 오탄당은 리보오스와 데옥시리보오스가 있다. DNA 경우 데옥시리보오스로 구성되어 있으며, RNA는 리보오스로 구성되어있다.

아데노신 삼인산은 몸에서 에너지로 쓰이는 ATP이다. 염기 중 G와C가 삼중 수소결합을 하며, A와T는 이중 결합을 한다. 이에 퓨린의 합(A+G)은 피리미딘(T+C)의 합과 같은데, 이를 샤가프의 법칙이라 한다(그림 3-5). 티민은 DNA, 우라실은 RNA에 나타난다.

서로 다른 GC함량을 가진 두 DNA분자는 어떻게 다를까? 온도가 올라감에 따라서 GC함량이 다른 DNA는 다른 변성 양상을 보인다. 동일한 온도 상에서도 GC함량에 따라 변성시간은 비례한다. 즉, GC함량이 높을수록 변성되는데 높은 온도가 필요하다는 것이다. 이러한 점을 실험에도 이용하는데, 이렇게 열을 가하여 분리시킨 DNA는 아가로즈 젤에 넣어 전기영동을 시킨다(그림 3-6). 이에 DNA단편들은 음극에서 양극으로 그 길이와 반비례하는 속도로 이동한다. 이는 자기방사법이나 형광시료로 염색하여 분석할 수 있다.

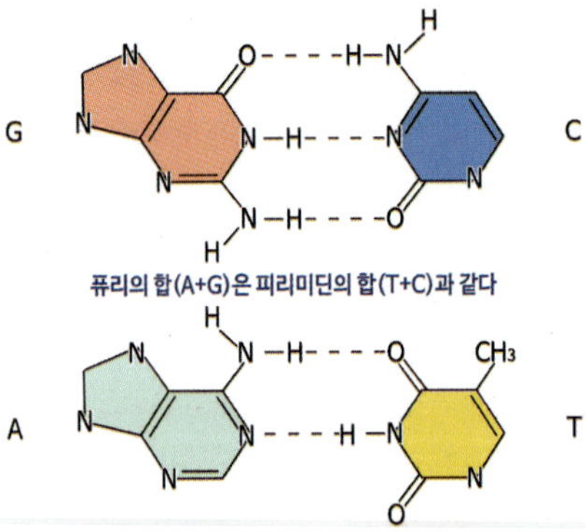

그림 3-5 샤가프의 법칙 : 퓨린의 합(A+G)은 피리미딘의 합(T+C)과 같다.

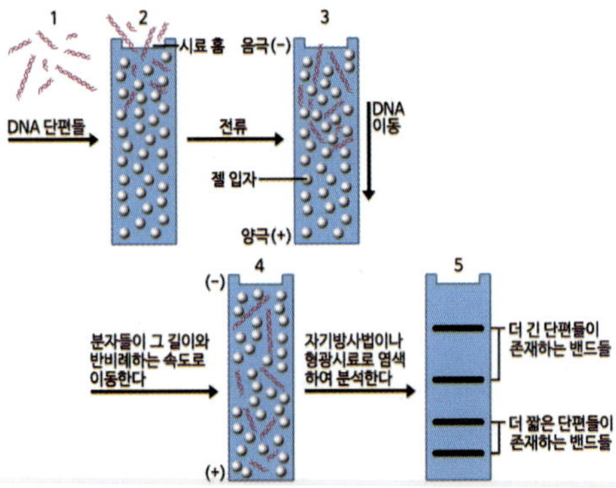

그림 3-6 전기영동에 의한 DNA의 분리 : 분자들의 길이에 반비례하여 이동하여, 단편들의 크기에 따라 정렬한다.

DNA 유전자 정보의 중요성

다양한 생물종 유전체의 ATGC유전자 정보를 분석하면 다음과 같은 이점이 있다.

1. DNA 유전자 정보는 생명과학을 발전시킨다.
2. 질병관련 유전자의 정보 분석에 응용된다.
3. Noncoding DNA에 대한 생물학적 기능 이해를 가져온다.
4. 새로운 유전자 발굴 및 기능 규명이 가능하다.
5. 생명의 기원과 진화연구에 기여한다.

DNA의 염기 중에서, 티민(ddTTP)은 피리미딘 화합물이다. 여기에는 ATP, TTP, GTP, CTP 중 1개만 붙을 수 있다. 이러한 성질을 이용하면 이를 pGL2벡터에 클로닝 영역에 ddTTP를 말단에 달아둔다(그림 3-7). 이는 TA 클로닝 시스템을 수행 할 수 있도록, 벡터에 티민(ddTTP)를 매달아 두는 것이다. PCR증폭 산물은 DNA의 3번 말단에 항상 아데닌 ATP가 오기 때문에, 벡터의 T와 PCR 산물의 A가 상호결합하여 T-A

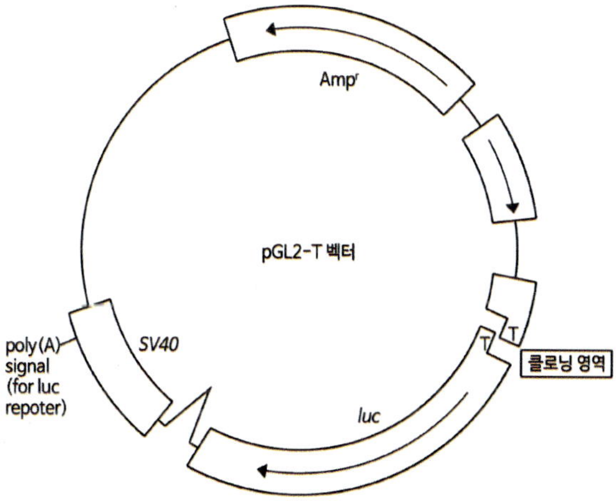

그림 3-7 pGL2-Basic T 벡터 시스템 : 프로모터 및 인핸서의 활성도를 체크하기 위해 클로닝 영역에 ddTTP를 달아두면 T-벡터가 된다.

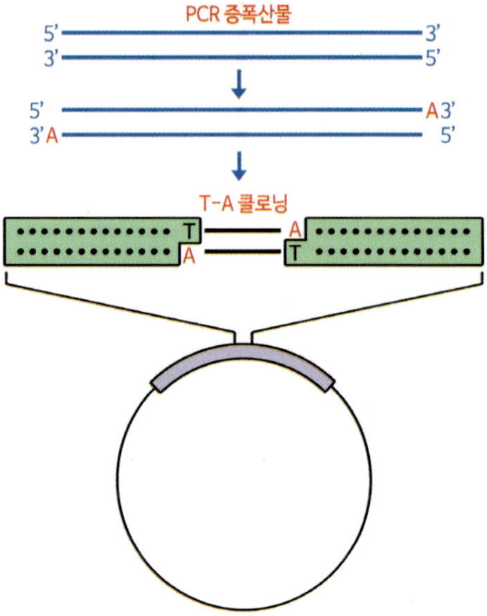

그림 3-8 T-A 클로닝 시스템 : pGL2벡터에 클로닝 영역에 ddTTP를 말단에 달아둔다. PCR증폭 산물의 3번 말단에 항상 아데닌 A가 오기 때문에, T4 DNA ligase의 도움으로 벡터의 T와 PCR 산물의 A가 상호결합하여 T-A 클로닝이 완성된다.

클로닝이 완성되는 것이다. 이동성유전인자 LTR은 프로모터 및 인핸서의 기능을 제공하고 있어, pGL2-Basic T 벡터 시스템에서 그 활성도를 측정할 수 있다(그림 3-8).

시토신은 티민으로 쉽게 변할 수 있다. 시토신은 메틸시토신을 거쳐서 티민으로 바뀌게 된다. 인간 유전체에서 전체 시토신중 1-2%는 메틸화가 되어있는데, 이렇게 시토신이 메틸화 되면 티민이 되어 유전자의 기능이 상실 되는데, 이 기작은 진화에 있어서 중요한 부분이다. 이는 우리가 먹는 음식물, 환경 등에 따라서도 메틸화 현상이 일어날 수 있다. 특히, CpG 섬에 있어서 시토신이 많이 내제되어 있다. 인간 유전자 약 2만1천개를 기준으로 하면 56%는 CpG 섬을 가지고 있다. 이는 유전자의 프로모터 근처에 있다. 여기서 시토신의 메틸화 현상으로 유전자의 발현이 조절된다(그림 3-9). 즉, CpG 섬의 시토신의 과메틸화 현상은 프로모터의 활성을 방해한다. 이러한 현상은 인간의 중요 질병인 암과도 관련이 있다. 암환자의 특정 조직에서 시토신의 메틸화로 유전자가 발현하지 못 하는 경우가 있다. 그렇다면 이 시토신의 메틸화를 어떻게 확인 할 수 있을까? 이는 MspI와

HpaII라는 효소를 이용한다. MspI는 시토신의 메틸화 여부와 상관없이 DNA의 CCGG 영역을 자를 수 있지만, HpaII는 시토신의 메틸화가 되어있을 시 DNA의 CCGG영역을 자르지 못한다. 이 둘의 관계를 이용하면 시토신의 메틸화 여부를 알 수 있는 것이다. 예를 들면, 이동성유전인자 LTR은 프로모터 및 CpG 섬을 가지고 있어 HpaII효소 처리 후 PCR증폭을 하여 증폭산물의 유무에 따라 LTR인자의 시토신 메틸화를 알 수 있다. PCR증폭산물이 탐지되면 시토신의 메틸화가 되어 있음을 시사한다. 시토신의 메틸화는 중아황산 나트륨(Sodium Bisulfite) 화학약품 처리로 인한 시토신 변화를 알 수 있는 BSP(Bisulfite genomic Sequencing PCR)법이 있다. 중아황산 나트륨 처리로 시토신이 우라실로 변하지 않으면 프로모터 영역의 CpG섬은 메틸화 되어 있는 상태이다.

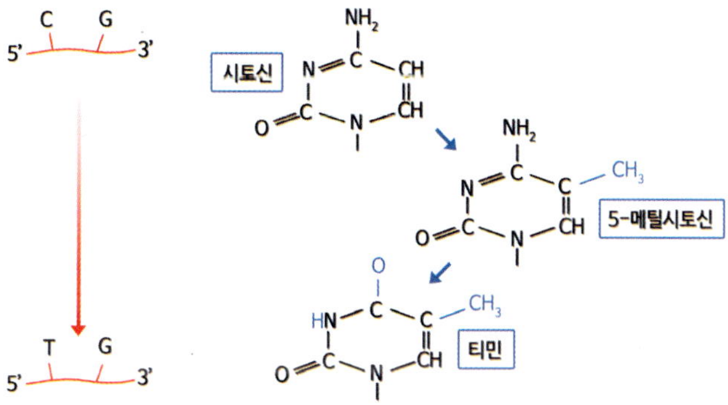

그림 3-9 시토신의 메틸화 : 시토신은 자연스럽게 메틸시토신을 거쳐서 티민으로 바뀌게 된다. 인간 게놈에서 전체 시토신중 1-2%는 메틸화가 되어있으며, 시토신이 메틸화 되면 티민이 되어 유전자의 기능이 손상되어 인간의 질병 및 진화에 영향을 준다.

유전자의 조절기작을 밝혀내는 길, 후성 유전학 !

유전자 조절기작을 밝혀내는데 DNA의 메틸화를 연구하는 학문을 후성유전학이라고 한다. DNA염기서열의 변화 없이 유전발현과 같은 기능의 변화가 일어나는 지를 알아내는 새로운 영역의 학문이다. 후성유전학에서는 염기에 메틸기가 붙는 메틸화 과정이다. 게놈의 염기서열에 C와 G의 두 염기가 나란히 존재하는 것을 CpG라고 한다. 게놈에 존재하는 CpG의 메틸화 정도와 패턴은 포유동물의 종에 따라 다르고 조직에 따라서 다른 매우 특이적인 양상을 보이고 있다. CpG섬은 유전자의 전사과정을 조절하는 프로모터 부근에 위치하며, 대부분은 메틸화 되지 않았으므로 메틸화는 중요한 의미를 지니고 있다. CpG메틸화는 외부에서 유입되는 트랜스포존과 같은 이동성 유전자들이 기능을 무력화 시키는 방어기작이 되기도 한다. 외부 유입유전자들의 프로모터와 CpG섬이 메틸화되어 유전자 발현이 원천 봉쇄되며, 시간이 경과함에 따라 메틸기가 붙은 시토신이 티민으로 추환되어 결국 이동성 유전자들이 점차 기능을 상실하는 것으로 생각된다. 또한, 암 발생 원인으로 암을 억제하는 유전자의 기능이 이들 유전자의 CpG섬에 메틸화라는 연구결과도 나오고 있다. 암 억제 유전자의 기능소실은 돌연변이, 결실, 그리고 프로모터 영역의 메틸화로 일어나게 된다.

대장 등의 소화관의 벽으로부터 쉽게 떨어져 나와 대변에 포함되는 세포의 DNA를 조사하여 암을 효율적으로 발견하는 방법이 메틸화 분석법이다. 대장 등 소화기 암환자의 세포를 조사해, 암세포에서는 유전자의 메틸화 현상이 일어나고 있는 것을 분석해 본 결과에 의하면, 대장암의 경우는 여러 곳에서 메틸화가 일어나고 있었다. 따라서 소량의 대변 내 소화관 세포만 있어도 대장암 및 위암을 찾아낼 수 있어 암의 조기 탐지에 유전자의 메틸화 분석법이 활용될 수 있다.

DNA와 뉴클레오솜의 구조물: 염색체

각 염색체는 DNA가 히스톤이라 부르는 단백질들 실감개 주위를 DNA가 감고 있는 긴 구조물이다(그림 3-10). 뉴클레오솜은 하나의 실감개라고 비유하면, 염색질은 인접한 뉴클레오솜과 단백질의 결합이라 할 수 있다. 각 생물들에게 염색체 수는 다양하다. 예로 양파는 16개, 인간은 46개, 침팬지는 48개이다. 인간과 침팬지의 염색체는 비교적 닮아있다. 원숭이, 침팬지, 인간이 비슷하다는 것은 염색체의 핵형 분석을 통해 알 수 있다. 침팬지 12번, 13번 염색체가 퓨전되면 인간염색체 2번에 해당이 된다. 즉, 인간과 침팬지는 염색체 분석연구에서 많이 닮아있음을 알 수 있다.

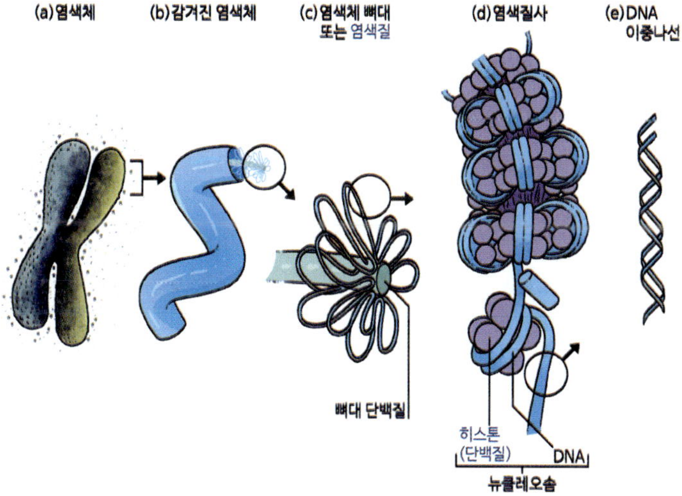

그림 3-10 염색체의 구조 : 히스톤이라 부르는 단백질들 실감개 주위를 DNA가 감고 있는 긴 구조물이다. 뉴클레오솜은 하나의 실감개라고 비유하면, 염색질은 인접한 뉴클레오솜과 단백질의 결합이라 할 수 있다. 염색체는 염색질사가 많이 응축된 형태이다.

인간은 남녀 모두 46개의 염색체를 지녔지만, 성염색체라는 염색체에서 차이를 보인다. 남자는 XY, 여자는 XX로 다른 성염색체를 가진다. 인간의 Y염색체는 Yq영역에 아주 긴 이질염색질영역을 지니나 침팬지는 퇴화되고 없다. 그렇다면 인간이 지닌 이 이질염색질영역은 어떤 기능을 지닐까? 이에 대한 답은 현대의 과학이 아직 찾지 못했다. 인간의 뇌용량은 1400-1500cc로 침팬지보다 약 3배가 크며, 뇌에서 발현하는 유전자의 양상이 크게 다르다. 인간과 침팬지의 염기서열 유전정보의 차이는 1%만 다른데, 인간의 뇌에서 발현되는 유전자 양상이 침팬지와 크게 다르다는 것이다. Y염색체에 대해 고릴라, 오랑우탄, 인간, 보노보를 비교해 보면, 침팬지, 보노보는 헤테로크로마틴영역이 없으나 고릴라는 인간처럼 지니고 있다(그림 3-11). 오랑우탄은 보르네오에 살고 있느냐 수마트라에 살고 있느냐에 따라서 Y염색체의 양상에 차이를 보인다. 이는 염색체 연구는 생물종에 있어서 계통관계를 분석하는 열쇠가 될 수 있음을 시사한다.

이러한 염색체는 염색질사가 많이 응축된 형태이다. 염색질사는 히스톤과 DNA의 결합을 말한다. 염색체의 수와 모양은 같은 종에서만 동일하다. 이러한 한 생물이 갖는 염색체의 수, 모양, 크기를 핵형이라 일컫는다. 상동염색체는 같은 모양, 크기를 가지는 염색체로 상동염색체의 한 쪽을 n이라 하면 체세포는 2n이다. 이를 핵상이라 한다. 염색체에는 성의 결정에 관여하는 성염색체와 성염색체를 제외한 유전자들을 지칭한다. 성별 결정에 관여한다는 성염색체에는 X,Y가 있다. SRY유전자는 성별 결정 유전자로 이 유전자가 X또는 Y염색체 내에 있어 성별을 결정한다. 남자는 Y염색체 내에 SRY가 있어서 남성이 되며, 여성의 X염색체 내에 SRY가 있으면 XX염색체를 지님에도 남성이 된다.

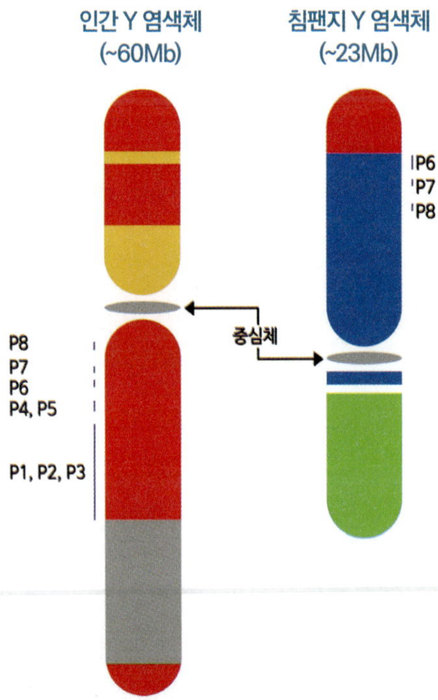

그림 3-11 고등영장류의 Y염색체 비교분석 : 인간의 Y염색체 장완에는 큰 헤테로크로마틴영역이 있으나, 침팬지 및 피그미침팬지(보노보)의 경우는 진화과정에서 퇴화하였다.

핵형분석-염색체의 수적 및 구조적 이상을 밝힌다.

핵형분석을 할 때에는 염색체가 적도판 배열을 보이는 중기에 실시한다. 핵형 분석은 염색체의 구조적 이상을 분석할 수 있다. 뿐만 아니라 수적인 부분에서의 이상도 확인 할 수 있는데, 예로는 21번 염색체가 3개인 다운증후군을 확인 할 수 있다.

염색체의 구조적 이상에는 결실, 역위, 중복, 전좌가 있다. 염색체의 일부가 없어진 경우를 결실이라 한다. 결실의 예에는 고양이 울음 증후군, 윌리암스 증후군이 있다. 염색체에 동일한 유전자가 삽입되어 같은 부분이 반복되는 경우는 중복이라 한다. 하나의 염색체 상에서 유전자의 위치가 바뀌는 경우, 염색체의 일부가 잘린 후 거꾸로 연결되어 나타나며 역위라 한다. 염색체의 일부가 상동 염색체가 아닌 다른 염색체에 옮겨 붙는 경우 전좌라 한다. 전자의 예에는 만성 골수 백혈병이 있다. 이러한 구조적 이상을 일으키는 데에는 바이러스 유래의 유전자들이 내재되어 들어와서 유전자의 돌연변이를 야기한다.

염색체의 수는 동원체의 수이며, 상동염색체는 키아즈마를 이루어 교차된 염색분체를 지닌다. 이는 DNA가 상호 교환되며 유전자의 다양성을 증가시킨다. 이는 결정적으로 생물의 다양성을 증가시키는 행위이며, 진화를 가속화 시키는 원동력인 것이다. 또 하나의 진화를 가속화 시키는 이벤트는 외부로부터 내재되어 들어오는 이동성유전인자들이다.

불로장생의 열쇠: 텔로미어 염기서열(TTAGGG)n

염색체의 말단을 텔로미어라고 하는데 염기서열 TTAGGG가 반복되어 나타난다. 텔로미어의 역할은 세포 증식 때 유전자가 소실되는 것을 막는 것이다. 텔로미어가 더 이상 짧아지지 않도록 유지시켜주면서 만들어지도록 하는 효소를 텔로메라제라고 한다. 텔로미어, 텔로메라제의 발견으로 미국의 과학자 블랙번, 그래이더, 소스텍은 2009년 노벨 생리의학상을 수상하였다. 노화가 되면 이 텔로미어의 반복서열이 짧아진다. 이에 신경이 손상, 생식능력 저하, 골다공증이 발생한다(그림 3-12). 따라서, 이 TTAGGG가 얼마나 반복되어 있느냐는 중요하다. 흥미로운 것은 암은 이 텔로미어가 짧아지지 않는다는 것이다. 텔로미어의 염기서열이 짧아지지 않도록 텔로메라제가 활성화되면 노화가 일어나지 않을 것이다. 따라서 암세포의 텔로미어 길이에 주목하여 노화를 방지 할 수 있으리라는 기대로 계속되는 연구가 이루어지고 있다.

염색체의 중심은 어떠할까? 염색체의 정중앙인 센트로미어에도 중요한 단백질이 자리잡고 있다. 동원체 특이 히스톤 단백질인 센프에이에 문제가 생기면 암 및 정신질환을 야기 시킨다.

그림 3-12 염색체의 말단 텔로미어의 길이가 짧아질 경우 노화, 세포분열 중지, 생식능력 저하, 골다공증, 당뇨, 신경손상 등의 증상이 야기된다.

학습 요약 정리

1. DNA 유입에 의해 한 유전형질(질병 유발 능력)이 전달되는 현상을 형질전환이라 함

2. 퓨린의 합(A+G)은 피리미딘(T+C)의 합과 같은데, 이를 샤가프의 법칙이라 함

3. **| DNA 유전자 정보의 중요성 |**
   - DNA 유전자 정보는 생명과학을 발전시킨다
   - 질병관련 유전자의 정보 분석에 응용된다
   - Noncoding DNA에 대한 생물학적 기능 이해를 가져온다
   - 새로운 유전자 발굴 및 기능 규명이 가능하다
   - 생명의 기원과 진화연구에 기여한다

4. **| 후성유전학 |** DNA염기서열의 변화 없이 유전발현과 같은 기능의 변화가 일어나는지를 알아내는 학문

5. **| 염색체 |** 염색질사의 응축된 형태 (염색질사 = 히스톤 + DNA)

6. **| 염색체의 구조적인 이상 |** 결실, 역위, 중복, 전좌

7. 상동염색체 접합 - 교차발생 - 유전자 다양성 증가 - 진화의 원동력

8. **| 염색체 말단 |** 텔로미어(TTAGGG) - 노화, 암
   | 염색체 중앙 | 센트로미어 - 암, 정신질환

4 유전자의 세계

단백질을 암호화하는 유전자

똑같은 부모로부터 태어난 자녀들은 서로 다른 표현형을 지니고 있다. 이러한 현상은 왜 일어나는 것일까? 이에 대한 해답으로서, 유전자는 단백질을 암호화하고, 유전자는 엑손-인트론으로 구성되며 RNA스플라이싱을 한다는 것이다. 엑손(exon)은 성숙한 RNA산물이며, 인트론(intron)은 전사된 DNA산물이지만 최종 RNA전사물이 만들어지는 과정에서 제거되는 염기배열이다. RNA스플라이싱은 RNA에서 인트론이 제거되고 엑손이 연속적인 mRNA로 연결되는 과정을 말한다. 유전자의 복사 수 및 반복배열은 진화 및 다양한 질병과 관련 되어 있다.

유전자는 단백질을 암호화하는데, 유전암호는 염기 3개의 조합으로 이루어져있다. 단백질은 외부에서 만들어져서 DNA의 특정부위에 결합하는 트란스 작용, DNA부위는 시스작용이라 한다. 유전자는 코딩영역, 리더, 트레일러 영역으로 나뉘어져 있다. 코딩영역은 단백질 배열을 나타내는 영역이다. 리더 영역은 개시코돈 앞에 위치하는 비번역부위이다. 트레일러 영역은 종결코돈 뒤에 위치하는 비번역부위이다. 이러한 하나의 유전자는 RNA전사산물과 대응한다. 즉, 유전자의 순서에 따라 RNA전사산물이 일치한다는

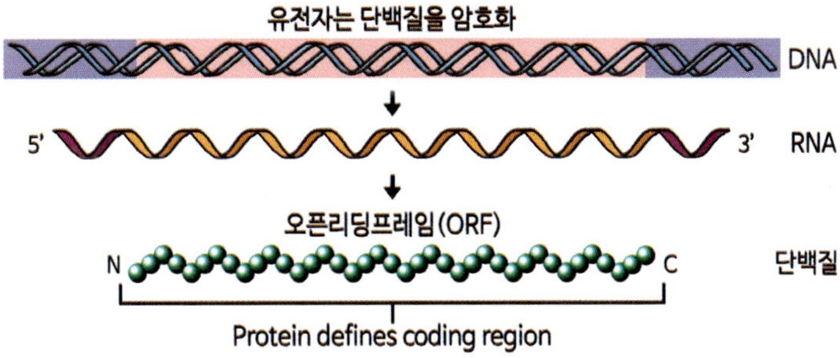

그림 4-1 유전자는 단백질을 암호화 한다. 오픈리딩프레임은 아미노산으로 번역될 수 있는 DNA염기서열을 말하며, 염기서열 AUG는 단백질 합성을 개시할 때 사용되는 개시코돈이다. 또한 UAA, UAG, UGA는 단백질합성을 종결할 때 사용되는 종결코돈이다.

것이다. 또한, 유전자는 단백질을 암호화하는 염기배열보다 더 길다. 이 이유는 유전 암호가 3개의 염기로 이루어져 아미노산을 생성한다는 것을 생각하면 답을 찾을 수 있다. 이러한 유전자는 오픈리딩프레임을 포함한다. 오픈리딩프레임은 아미노산으로 번역될 수 있는 DNA염기서열을 말한다(그림 4-1). AUG로서 단백질 합성을 개시할 때 사용되는 개시코돈이 있다. 또한 UAA, UAG, UGA로서 단백질합성을 종결할 때 사용되는 종결코돈이 있다. 종결코돈은 넌센스 코돈으로도 불려진다. 염기서열의 점 돌연변이가 종결코돈으로 변화할 때를 넌센스 돌연변이라고 한다.

유전암호는 단백질의 아미노산과 DNA(또는 RNA)의 3염기연쇄와 서로 일치하며 1개의 코돈은 3개의 뉴클레오티드로 구성이 되어 있다. 염기의 결실이나 삽입 때문에 프레임쉬프트 현상이 일어나기도 하는데 이를 프레임쉬프트 돌연변이라 한다. 이러한 유전암호에 의거하여 아미노산이 폴리펩타이드가 되고 최종으로 단백질이 되는 것이다.

DNA와 mRNA의 차이

박테리아의 전사 번역은 동시에 일어난다. 그렇다면 진핵세포는 어떨까? 진핵세포는 전사와 번역을 구별한다. 전사는 핵 내에서 일어나며, 번역은 세포질에서 일어난다. 시스 배열은 서로 동일한 DNA분자의 위치를 다루는 것이며, 트란스배열은 서로 다른 DNA분자에서 그들의 존재를 다루는 것이다. DNA부위는 시스 작용이나, 단백질은 트란스 작용이다. 단백질은 시스 작용의 조절부위에 결합한다. DNA의 조절부위는 단백질의 결합부위를 제공하며, 코딩영역은 RNA합성을 경유하여 발현한다. 유전자의 염기 배열 순서에 따라 아미노산이 생성되고, 단백질이 완성된다. 진핵세포에의 DNA는 엑손 영역과 인트론 영역으로 구성되어 있다. 이후 스플라이싱을 거쳐서 mRNA가 생성 된다. 스플라이싱을 거치며 인트론이 제거되기 때문에 mRNA에서서는 DNA가 지닌 인트론의 영역이 존

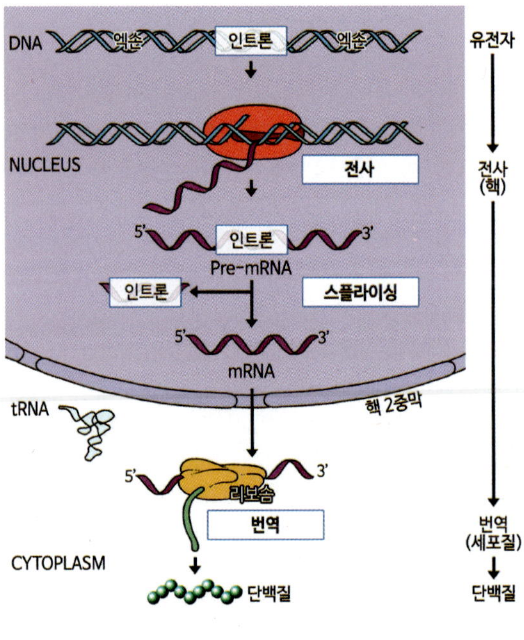

그림 4-2 진핵세포의 전사 및 번역 : 전사는 핵 내에서 일어나며, 번역은 세포질에서 일어난다. 유전자의 염기 배열 순서에 따라 아미노산이 생성되고, 단백질이 완성된다. 진핵세포에의 DNA는 엑손 영역과 인트론 영역으로 구성되어 있다. 이후 스플라이싱을 거쳐서 mRNA가 생성 된다. mRNA는 엑손들의 모임이며, 핵공을 통해 핵을 빠져나간다. 리보솜 단백질 합성공장으로 가서 tRNA의 도움을 받아서 성숙한 mRNA의 염기서열에 따라서 번역되어 단백질이 만들어진다.

재하지 않는다. mRNA는 엑손들의 모임이며, 핵공을 통해 핵을 빠져나간다. 리보솜 단백질 합성공장으로 가서 tRNA의 도움을 받아서 mRNA시퀀스에 의거하여 단백질이 만들어진다. 또한 단백질을 만들기 전 준비되어야 할 것이 있다. 5' 말단에 캡핑이 되어야 하고 3' 말단에는 테일링이 되어야 한다. mRNA는 머리에는 캡핑, 꼬리에는 테일링이 되어져야 제대로 된 단백질을 만들어 낼 수 있다. 만약 mRNA가 캡핑과 테일링이 되지 않으면 효소에 의해 분해되어 단백질을 생성할 수 없다. DNA는 엑손과 인트론의 구성이며, RNA는 캡핑과 테일링이 되어져야하고 인트론이 스플라이싱 아웃되어 빠져나가 있다. 이것이 DNA와 mRNA의 큰 차이점이다(그림 4-2).

그림 4-3 유전자를 전사시키는 핵심 조절인자는 프로모터, 인핸서, 전사인자, RNA중합효소이다.

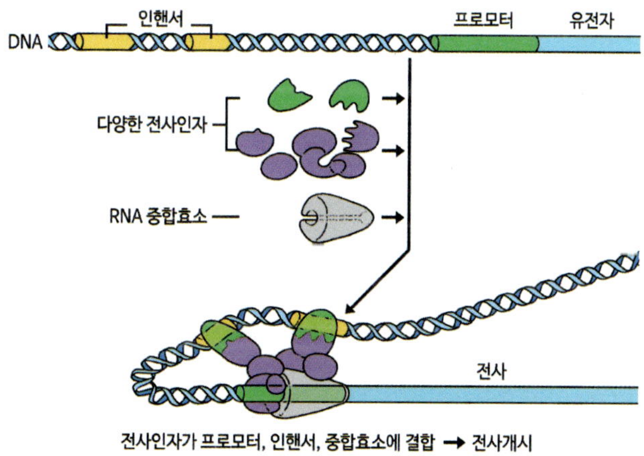

그림 4-4 진핵세포의 전사조절 기작 : 유전자의 상단부에 프로모터 및 인핸서가 존재한다. 여기에 다양한 전사인자 및 중합효소가 결합하면서 DNA는 굽어지게 된다.

유전자의 5'UTR영역에는 유전자 발현을 조절하는 주요한 염기서열들이 탑재되어 있다. 베타 글로빈은 CAAT 서열과 TATA 서열을 지니고 글루코코르티코이드 수용체 유전자는 GC 서열을 지닌다. 이들 서열들은 코딩 영역의 유전자 정보를 제대로 전사하기 위해 존재하는 것이다. 전사인자들이 상단부 조절 영역에 결합하고, RNA중합효소가 자리 잡으면 전사가 시작된다. 즉, 인핸서와 프로모터에 전사인자가 결합하고, RNA 중합효소가 결합한다(그림 4-3; 4-4). 이때, DNA는 굽어져야 한다. 쉐도우 인핸서는 보통 때의 인핸서와는 달리 갑자기 작동되어지면 기적 같은 일이 일어나기도 한다.

학습 요약 정리

1. 유전자는 엑손과 인트론으로 구성

2. 진핵세포 전사는 핵내에서, 번역은 세포질에서 일어남

3. 유전자는 단백질을 암호화

4. 성숙된 mRNA는 캡핑과 테일링이 중요함

5. **개시코돈** - AUG; **종결코돈** - UAA, UAG, UGA

6. **프레임쉬프트현상** - 염기삽입, 결실로 야기됨

7. UTR 영역의 CAAT, TATA, GC 서열들은 유전자 발현에 중요함

8. **유전자의 전사** - 프로모터, 인핸서, RNA중합효소, 전사인자 등이 필수

엑손과 인트론 유전자

유전자는 분단되어질 수 있으며, 분단유전자는 mRNA와 DNA의 비교로 검출된다. 유전자는 다양한 길이를 가지며, 엑손 유전자는 잘 보존되어 있으나 인트론은 다양하다. 분단유전자는 엑손과 인트론으로 구성된다(그림 4-5). 엑손은 비연속적인 유전자의 단편이며(평균길이: 100-200bp), 성숙RNA산물을 생산한다. 인트론은 전사 산물의 스플라이싱에 의해 제거되는 부분이다(길이는 다양함). 인트론은 시작 염기서열 GT, 끝나는 염기서열 AG로 구성된다. 인트론의 수나 크기의 다양성으로 인하여 유전자의 크기는 매우 광범위하다. RNA 스플라이싱은 RNA로부터 인트론의 제거와 엑손끼리의 연결을 통해 연속적인 mRNA를 만드는 과정이다. 엑손들은 mRNA와 DNA에서 정확하게 같은 순서로 정렬된다. 인트론은 RNA에는 없지만 매우 중요한 역할을 지니고 있다. 예로 들면 인트론 내부에는 인핸서의 시퀀스가 존재할 수도 있다. 그리하여 특정 전사인자와의 결합으로 조직 특이적인 유전자 발현을 조절할 수 있다. 뇌에서는 엑손1과 엑손2만 발현되어 지며, 위 조직에서는 엑손1번과 3의 발현으로, 유전자의 발현양상이 달리 나타날 수도 있다. 즉, 엑손 영역의 유전자 발현에 인핸서를 포함하는 인트론의 염기서열이 다양한 전사인자의 결합과 함께 동시에 관여 할 수도 있다. 이러한 인트론에서의 인핸서 염기서

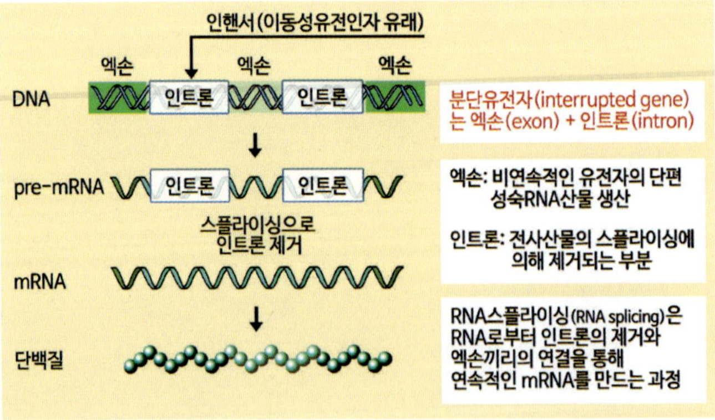

그림 4-5 분단유전자는 엑손과 인트론으로 구성되며, 스플라이싱으로 인하여 인트론은 제거된다. 엑손들은 DNA와 mRNA에서 정확하게 같은 순서로 정렬된다. 이동성유전인자 유래의 염기서열이 인트론의 내부에 내재되어 있다면 인핸서로서의 기능을 가져 조직 특이적인 유전자 발현을 조절 할 수 있다.

열은 이동성유전인자 유래의 것이 많다. 서로 다른 생물종에서 관련된 유전자를 비교해 볼 때, 엑손은 잘 보존되어 있으나, 인트론은 그렇지 않다.

진화에서 유전자가 인트론에 의한 분단된 배열에서 출발하였는가? 처음부터 연속적인 배열이었던가? 정답은 "인트론 초기(intron early)"가설이다. 최초의 유전자는 인트론을 포함하고 있었는데, 유전자에 따라서 일부 인트론은 소실되기도 하였다. 인트론 초기 가설을 지지하는 명백한 증거로서는 엑손 뒤섞기(exon shuffling)가 있다. 진화과정에서 엑손 뒤섞기로 인한 다양한 엑손의 조합으로 유전자의 다양한 기능이 탄생될 수 있었다.

선택적 재조합과 miRNA

DNA에서 pre-mRNA를 거쳐 mRNA가 된다. 여기서 pre-mRNA에서 mRNA가 될 때 스플라이싱을 거친다. 다양한 전사체 산물 모두가 단백질로 번역되는 것은 아니다. 그 이유는 인트론이 만들어낸 miRNA가 전사체의 일부와 결합하여 번역을 방해하기 때문이다. 인간 유전자의 약 70%는 선택적인 재조합을 한다. 하나의 유전자는 평균 8개의 동형단백질을 만들어낸다. 이들 단백질은 같은 기능 및 전혀 다른 기능을 지닌다. 이러한 재조합 현상은 다양한 이동성유전인자와 연루되어 있다. 인트론의 염기서열은 회문구조를 만들 수 있으며, miRNA를 탄생시킨다(그림 4-6). 즉, 인트론도 유전자의 발현조절인자로서 주요한 기능을 한다.

인트론의 염기배열은 mRNA에는 있을 수 없으며, 인트론에 있는 종결코돈 TAG, TAA은 봉쇄되어 무용지물이다(그림 4-7). 왜냐하면 인트론의 염기서열 GT, AG가 인식되어 재조합 신호로 작동됨으로서 잘리기 때문이다. 엑손 배열은 잘 보존되지만 인트론은 다양하다. 인트론은 엑손보다 빠르게 진화하는데 이는 단백질 생산을 담당하도록 하는 선택압이 인트론에는 존재하지 않기 때문이다. 효모의 대부분 유전자는 인트론이 없다. 이와 달리 포유류의 대부분 유전자는 인트론을 가진다. 인트론은 다양한 길이를 지니며, 유전자 전체길이는 주로 인트론에 의해 결정된다.

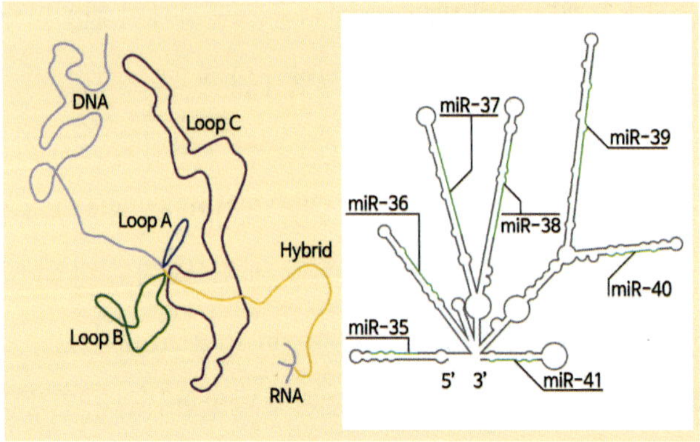

그림 4-6 인트론의 염기서열은 회문구조를 가져 miRNA를 만들어 낼 수 있다. 즉, 인트론은 스플라이싱으로 인하여 잘려져 없어지는 것이 아니고, miRNA를 탄생시켜 유전자 발현에 관여한다.

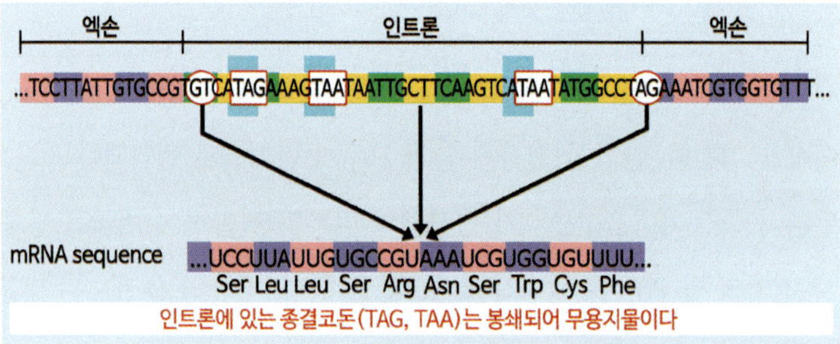

그림 4-7 엑손은 엑손과 연결되어 성숙한 mRNA를 만들어 낸다. 따라서 스플라이싱에 의한 인트론은 잘리게 되고, 인트론에 있는 종결코돈은 무의미하다.

엑손의 길이는 평균 100-200bp으로 짧으며 아미노산을 암호화한다. 같은 염기서열이라도 프레임 쉬프트 현상이 일어나면 전혀 다른 단백질이 탄생할 수도 있다. 또한 선택적 재조합 현상은 서로 다른 엑손들의 조합을 일으키는데, 이들을 인트론이나 인트론에 내재된 이동성유전인자에 의해 야기된다(그림 4-8).

이동성유전인자 유래의 다른 유전자 상의 엑손이 새로운 유전자에 들어와서 새로운 기능유전자를 탄생시킬 수 있다(그림 4-9). 유전자의 세계에는 하나의 엑손이 서로 다른 단백질을 만들어 낼 수 있다. 이뿐 아니라 서로 다른 단백질이 융합되어 융합단백질이 되거나, 긴 단백질이 쪼개져 여러 단편의 단백질을 탄생시킬 수도 있다. 엑손과 엑손

사이의 인트론이 빠져나가거나, 인트론 내의 GT염기서열이 여러 개 존재하면 재조합으로 어느 GT를 자르느냐에 따라 단백질의 구조와 기능이 달라진다. 최종적으로 선택적 재조합 결과는 세포의 구조 및 역할을 좌지우지 할 수 있다. 실로 인트론이 중요하다는 것을 알 수 있다.

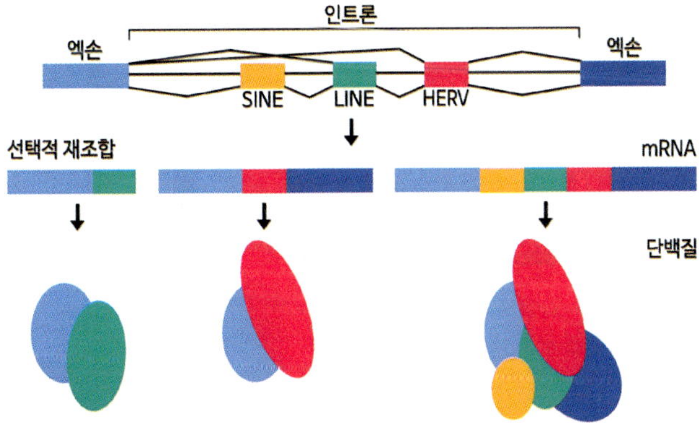

그림 4-8 선택적 재조합에 의한 다양한 동형단백질이 탄생된다. 인트론에 내재되어 있는 이동성유전인자(HERV, LINE, SINE)로 인하여 단백질 변이체가 만들어진다.

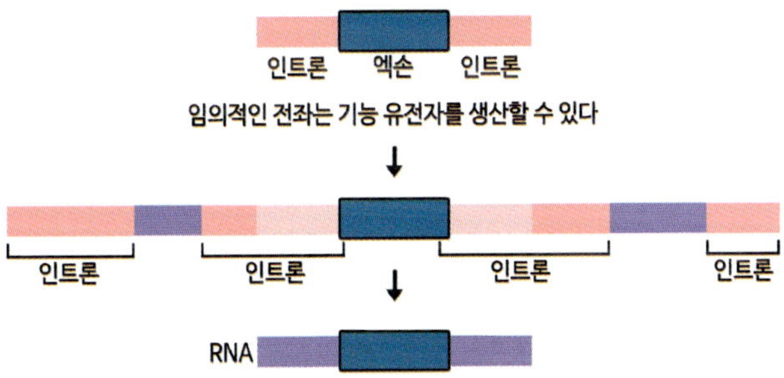

그림 4-9 이동성유전인자의 인트론 내부로 임의적인 전좌는 새로운 엑손을 탄생시킬 수 있다.

학습 요약 정리

1. **| 엑손 |** 성숙한 RNA산물, 평균길이 100-200bp

2. **| 인트론 |** 재조합에 의해 제거되는 부분, 길이는 다양하며, miRNA를 탄생 시킴

3. **| 선택적 재조합 |** 인트론 제거, 엑손을 연결하여 성숙한 mRNA를 만듦
   1개의 유전자는 평균 8개의 변이체(동형 단백질)를 만듦
   이들은 같은 기능 또는 다른 기능을 수행함
   핵심기작에 이동성유전인자가 관여함

4. 인트론이 엑손보다 빠르게 진화 함
   - 단백질을 생산하는 선택적 압력(selective pressure)이 인트론에 없기 때문임

5. 진화에서 최초의 유전자는 인트론을 포함하고 인트론에 의한 분단된 배열에서 출발하였음
   "인트론 초기(intron early)" 가설임
   인트론 초기 가설을 지지하는 명백한 증거 - 엑손 뒤섞기(exon shuffling)
   엑손 뒤섞기로 인한 다양한 엑손의 조합으로 유전자의 다양한 기능이 탄생됨

유전자 수와 생물체 복잡성의 관계

유전자의 수는 다양하다. 그러나 이것은 생물체의 복잡성이나 유전체의 크기와는 상관이 없다. 박테리아의 유전자의 수는 500여개 이다. 이와 달리 포유류의 경우는 유전자 수가 늘어나 약 2만 5천여개이다(그림 4-10). 이러한 현상은 유전자의 수가 늘어나고 게놈의 크기가 커지는 쪽으로 진화가 이루어졌음을 알 수 있다.

그림 4-10 유전자 수 : 박테리아의 유전자 개수는 500개인 반면 포유류의 경우는 25,000여개이다. 다양한 생물종의 유전체 대부분은 이동성유전인자를 포함하여 반복서열로 구성되어 있다. 인간유전체의 1%는 엑손유전자로 구성되어 있다.

인간유전체의 대부분을 차지하는 반복서열

효모의 유전체에서는 평균 인트론은 1-2개이다. 그러나 이 인트론의 수는 고등동물로 갈수록 늘어난다. 이는 재조합이 일어날 확률이 높아지며, 다양한 산물을 만들어 낼 수 있다 결국 다양한 기능을 수행하여 환경에 적응하기 쉬워져 다양한 생물종의 탄생으로 연결된다. 이에 벌레들의 대부분의 유전자들은 비필수적이다. 인간 유전체의 엑손1%만 단백질을 암호화 하는데(유전자 21,000여개), 인트론이 24%를 차지하며 선택적 재조합으로 유전자 수보다 더 많은 단백질을 형성한다(그림 4-11).

인간유전체의 대부분은 반복서열로 이루어져 있다. 반복서열 중에서, 이동성유전인자 45%, 인트론 24%, 대규모 중복 5%, 단순 반복 3%, 엑손 1% 로 차지하고 있다(그림

4-12). 여기서 이동성유전인자는 바이러스 출신 유래의 유전자들이 영장류의 진화과정 동안 점진적으로 인간유전체 내에 내재되어 들어와 자리 잡은 것이다.

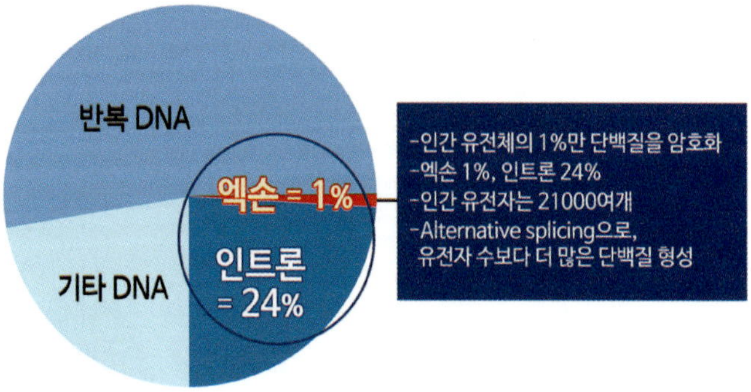

그림 4-11 인간유전체의 25%(엑손 1%, 인트론 24%)만 유전자로 구성되어 있다.

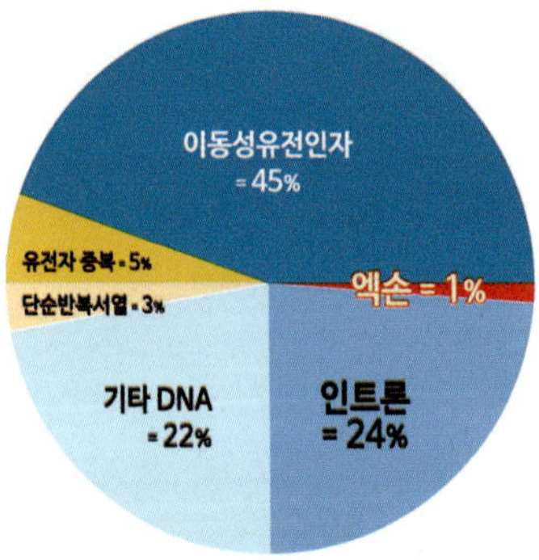

그림 4-12 인간유전체의 대부분은 반복서열이다. 이동성유전인자가 45%를 차지한다.

이동성유전인자들은 계속되는 유전자 중복으로 많은 복사 수로서 염색체 여기저기에 산재되어 자리 잡고 있다. 이러한 유전인자들은 바이러스 유전자 유래이므로 모두 발현되면 인체 내에 유해할 수도 있다. 따라서 이러한 유전자를 제압하기 위해 세포내 이벤트인 '메틸레이션'이 존재한다. CpG섬의 시토신의 메틸화 현상으로 유전자의 발현양상이 조절된다. 이동성유전인자에서 시토신의 메틸화가 풀려지면 시토신은 점진적으로 티민으로 바뀌어 지고 이동성유전인자는 활성화를 지니게 된다(그림 4-13). 이동성유전인자의 활성화는 심각한 스트레스나 약물과다 복용, 환경호르몬에 노출이 될 때, 또는 외부로부터 바이러스에 감염 될 시에 일어난다. 대표적인 질병이 다발성 경화증, 남성 불임, 류머티스 관절염, 각종 암 질환 등이다.

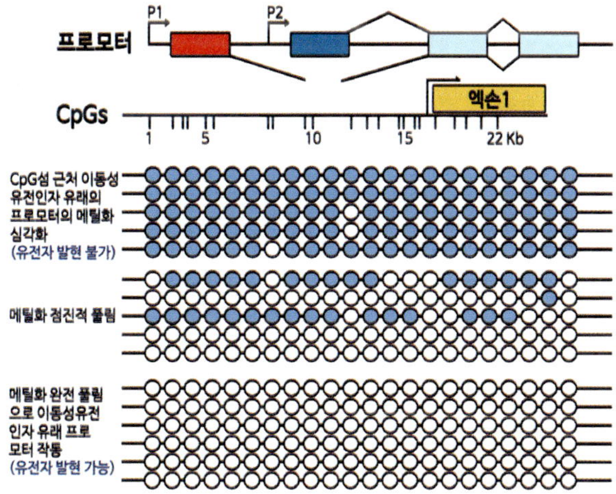

그림 4-13 이동성유전인자가 제공하는 프로모터가 기능유전자의 CpG섬에 자리잡고 있다. CpG섬의 시토신의 메틸화 현상으로 유전자의 발현양상이 조절된다. 시토신의 메틸화가 풀려지면 시토신은 점진적으로 티민으로 바뀌어 지고 이동성유전인자는 점진적으로 활성화를 지니게 되어, 새로운 프로모터의 기능을 얻게 된다. 그리하여 원래의 기능유전자가 가지는 프로모터와 상호 경쟁적으로 작동하여 유전자의 발현 양상을 다양하게 만든다.

유전자 발현과 반복서열

인간과 침팬지의 유전자는 1%의 차이이다. 인간과 인간 사이에 유전자의 염기서열의 차이는 0.3-0.7%정도이다. 왜 인간과 침팬지는 차이가 1%뿐인데 이렇게 큰 차이가 날까? 이에 대한 답은 '유전자 발현'이다. 염기서열이 같더라도 유전자 발현의 차이가 존재한다. Y염색체에는 약 70개 정도가 활성유전자로 이루어져 있다. 여기에는 성 결정 유전자인 SRY가 대표적이다. 이유전자가 존재함으로 남성이 된다. 이외에도 Y염색체상의 중요한 유전자로는 정자생산유전자가 존재한다. 이 정자생산유전자는 AZFa,b,c,d 영역에 존재하는데 이들 영역에 다양한 크기의 회문구조가 존재한다(그림 4-14). 이 회문구조는 정자생산유전자의 발현과 돌연변이가 일어나지 않게 하도록 하는 역할을 한다. 무엇이 이러한 회문구조를 만들어 내는가? 이 회문구조에는 반복서열이 내재되어 있다. 바로 '이동성유전인자'가 제공하는 반복서열이다. 어떠한 종류의 이동성유전인자가 내제되어 있을까? 바로 SINE의 한 종류인 Alu이다. 이동성유전인자의 반복서열이 오늘날 인간의 자손을 유지할 수 있도록(불임이 되지 않도록) 하는데 기여하고 있다.

한편, 정자생산유전자가 존재하는 AZFa,b,c.d 영역 중, AZFa 영역에서 레트로바이러스 HERV-I 2개가 내제되어 들어가서 그들에 대한 재조합 현상이 일어나 핵심적 유전자 2개가 빠져나와 남성불임이 야기된다. 남성불임을 야기 시키는 경우에는 내생레트로바이러스 HERV-I 2개가 관여한다(그림 4-15).

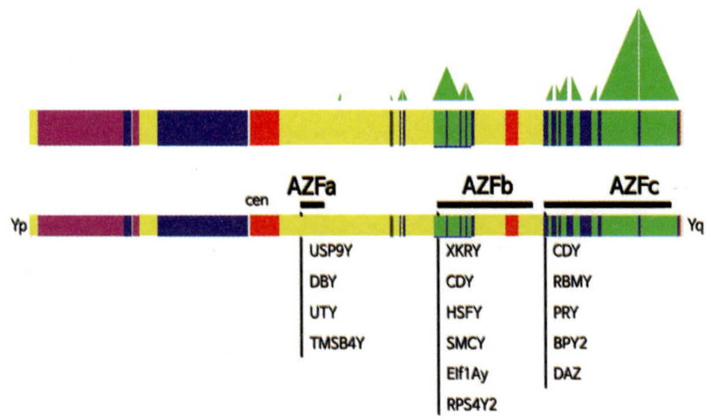

그림 4-14 인간의 Y염색체 : Y염색체상의 정자생산유전자가 존재하는 AZFa,b,c.d 영역 사이에는 다양한 회문구조가 존재한다. 이 회문구조는 반복서열인 Alu인자의 중복으로 인하여 만들어진 것이다.

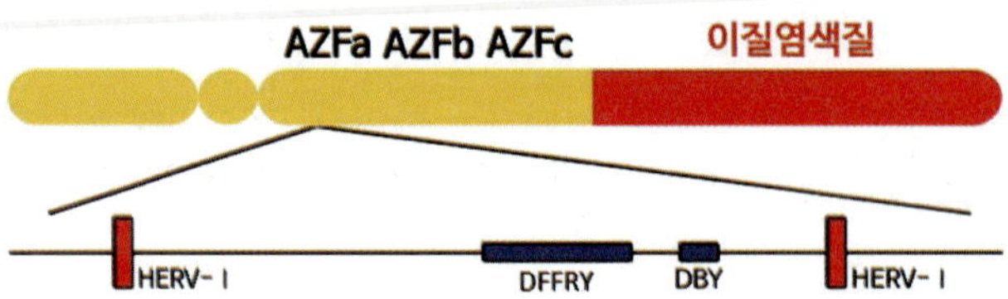

그림 4-15 인간의 Y염색체 AZFa 영역에서 레트로바이러스 HERV-I(HERV15) 2개가 내제되어 들어가서 그들간의 상호 재조합 현상으로 핵심적 유전자 2개(DFFRY, DBY)가 빠지게 되어 남성불임이 야기된다.

이 뿐만 아니라, Y염색체는 인간에서만 존재하는 유전자(PCDHY)를 지니고 있다. 이 PCDHY는 원래 Xq21.3영역의 PCDHX로부터 유래되었으며, 인류의 진화과정에서 중복-전위-역위의 과정을 거치면서(이때 이동성유전인자 LINE의 도움으로 전위 및 역위현상이 가능해졌다) 오늘날 Yp11.2영역에 자리잡아 인간의 뇌에서 발현하며, 정신분열증의 후보유전자로 알려져 있다(그림 4-16). 또한, Y염색체에 내재된 유전자는 선조로부터 계속하여 자손에게로 이어지기 때문에 인간진화의 양상을 분석하는데 바이오 마커로 이용되고 있다.

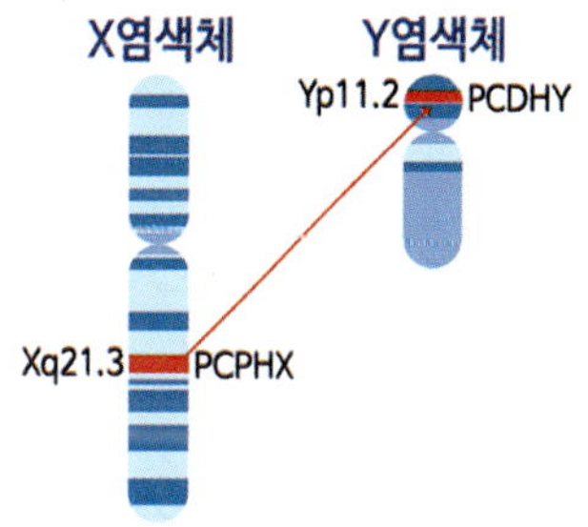

그림 4-16 인간만이 가지는 Y염색체의 PCDHY는 X염색체 Xq21.3 영역의 PCDHX로부터 중복-전위-역위의 과정을 거쳐 오늘날 Yp11.2영역에 위치한다.

유전체 다형성이란?

유전체의 다형성을 SNP(Single Nucleotide Polymorphism)라 한다(그림 4-17). 서로 다른 개체에 따라 얼마나 염기 서열에 변화가 일어나는가? 이러한 변화에 따라 단백질의 변화 및 표현형의 변화를 예측할 수도 있다. 즉, 하나의 염기서열의 변화가 아미노산의 변화를 가져오는 돌연변이 및 염기서열의 변화가 아미노산의 변화를 가져오지 않는 돌연변이가 존재하는데, 아미노산의 변화를 가져오는 돌연변이는 단백질의 변화 및 표현형에 변화를 가져온다. 이러한 변이양상 및 질병을 탐지하기 위해 RFLP분석법을 이용한다. 즉, 인간의 전상 유전체를 제한효소로 자르고, 특정 기능유전자를 탐침자로 이용하는 것이다. 잘려지는 밴드의 패턴이 질병의 유무에 따라 다르게 나타나기 때문에 환자와 정상인을 구분 할 수 있다. 이 방법은 서던 블롯의 원리를 이용하는 것이다. 이외에도 DNA 염기서열의 분석으로 질병의 유무를 알 수 있다.

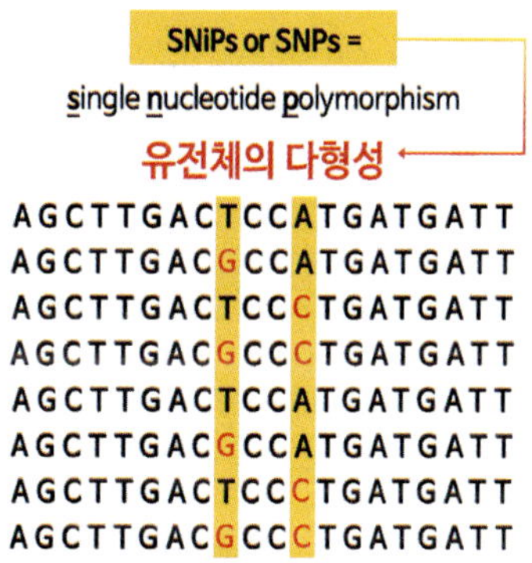

그림 4-17 유전체 다형성의 모식도

유전자 중복이 진화의 원동력

유전체의 DNA 함량은 하등 진핵생물에 있어서는 형태 복잡성과 함께 증가하나, 고등 진핵생물에 있어서는 이러한 관계가 일정하게 적용되지는 않는다. 원핵생물에서 포유동물로는 유전체의 크기가 증가하지만 형태나 복잡성에서는 역동적인 현상을 보여준다. 원핵생물은 비반복배열 DNA만 지니고 있다. 하등 진핵세포는 대부분이 비반복배열로 구성되어 있다. 그러나 쥐나 개구리는 DNA의 절반이 반복배열로 되어있다. 식물은 70% 이상이 반복배열로 구성되어 있다. 따라서 식물의 경우에는 70- 80%의 반복배열은 대부분이 이동성유전인자로 구성되어있다. 이는 바이러스 및 박테리아로부터 유래되었으며, 이런 것들이 염색체 상에 어디에 있는가에 따라, 즉 상동성에 따라 교차가 일어난다. 이에 염색체, 유전자, 이동성유전인자의 반복서열로 말미암아 재조합현상이 일어난다. 부등교차는 중복과 결실을 만든다. 부등교차란, 재조합 과정에서 접합, 짝짓기와 교차의 오류로 발생하는 것이다. 이러한 현상은 선조유전자로부터 중복과 변이를 통해 생성되고 있다. 이들은 하나의 큰 패밀리를 이루는데, 유전자 족이라 한다. 이렇게 큰 패밀리들은 서로 비슷하며 또 다른 변이를 계속 수행한다.

유전자 중복 현상은 백만년 당 유전자의 1%, 변이양상은 백 만년 당 0.1%의 진화속도를 지닌다(그림 4-18). 그렇다면 에이즈유전자의 진화속도는 어떨까? 에이즈 바이러스는

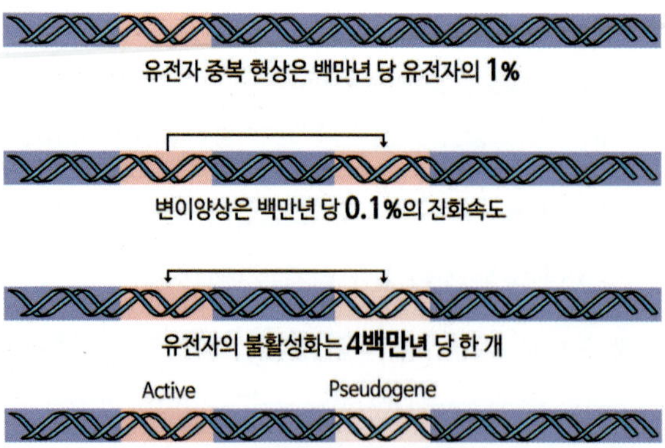

그림 4-18 진화의 원동력은 유전자 중복이다. 유전자 중복 현상은 백만년 당 유전자의 1%, 변이양상은 백 만년 당 0.1%의 진화속도를 지닌다.

백만년당 0.25-0.3%의 진화속도를 가지고 있다. 이에 에이즈에 대한 백신을 개발해도 변이체가 발생하여 오랜 시간 약의 효과를 기대하긴 힘들다. 중복현상으로 만들어진 유전자가 항상 활동적이지는 않다. 유전자의 활동성을 잃을 수도 있는데, 이러한 현상은 4백만 년당 한 개 정도 발생한다. 결론적으로, 다양한 생물 종의 탄생은 유전자 중복으로 야기되며, 인간의 진화에도 유전자 중복이 깊숙이 관여하고 있음을 시사한다.

글로빈 유전자의 발현

글로빈 유전자는 유전자 중복으로 패밀리 유전자가 탄생되었다. 유전자 중복으로 패밀리 유전자가 필요했던 것은 그 만큼 많은 유전자 기능이 요구되었기 때문이었다. 패밀리 유전자 중 일부는 새로운 기능을 얻는 반면, 상실된 기능을 수행하는 유전자도 잇다. 글로빈 유전자의 패밀리 중 하나인 헤모글로빈 유전자 발현을 살펴보자. 헤모글로빈 유전자는 발생에 따라서 발현의 양상이 다르다. 배아, 태아, 성인일 경우에 각각 다르다. 헤모글로빈 유전자의 태아의 경우, 감마유전자가 발현된다(그림 4-19; 4-20). 이는 감마유전자가 산소와 친화력이 높기 때문이다. 즉, 어머니의 태반에서 산소를 많이 공급 받기 위함이다.

글로빈 유전자에 대해 거슬러 올라가면, leghemoglobin에서 엑손의 퓨전이 일어나

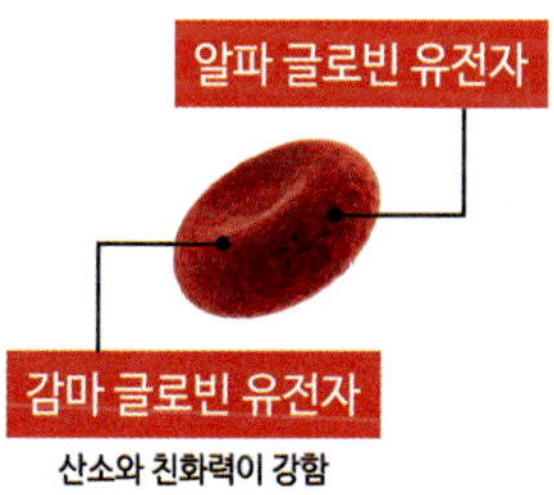

그림 4-19 산소와 친화력이 강한 감마유전자는 태아에서 많이 발현된다.

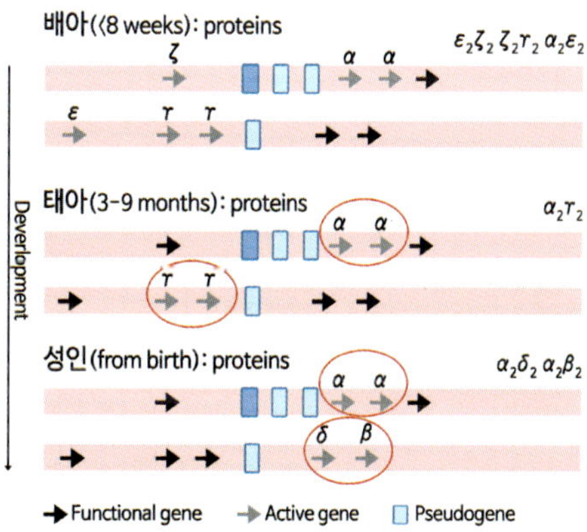

그림 4-20 발생 단계에 따른(배아, 태아, 성인) 헤모글로빈 유전자의 발현 양상

고, α,β 유전자가 생성된다. 이후 유전자의 분리가 일어나고, 클러스터의 확장이 일어난다. 글로빈 유전자는 5억년 전부터 끊임없이 진화해오며, 알파-제타 유전자 까지 생겨났다(그림 4-21). 언제 어느 시점에 유전자 중복 현상이 일어났는가에 대해 추정할 수 있는데, 이를 분자시계라 한다. 공통배열 염기서열들은 그 근원적인 시퀀스를 말하며, 이는 염기 서열의 변화 양상 등을 확인 할 수 있다. 모든 유전자의 유전자 패밀리를 발본색원하면 공통배열(consensus) 염기서열을 찾아낼 수 있다. 시간이 지나는 동안 유전자의 돌연변이가 야기된다. 염기서열이 바뀌었어도 코돈이 바뀌기 전과 동일한 아미노산을 지정하기 때문에 단백질 구조에 영향을 미치지 않는 것을 동의치환(silent substitution)이라 한다. 이와 반대로 아미노산의 변화 일어나는 것을 대체치환(replacement substitution)이라 한다. 대부분의 유전자는 유전자 중복 후 점진적인 염기서열의 변화는 수행해 왔지만, 아미노산의 변화는 일어나지 않는 쪽으로 진화 해 왔다. 지중해빈혈증은 유전자 결손 현상으로 발생한다. 뿐만 아니라 유전자 삽입 현상이 일어나도 지중해 빈혈증이 생길 수 있다.

부수체는 아주 짧은 반복배열로 코딩 기능은 없다. 그러나 10bp이하 일시 microsatellite DNA라 한다. Minisatellite DNA의 경우에는 반복서열이 10-100bp정도이다(그림 4-22).

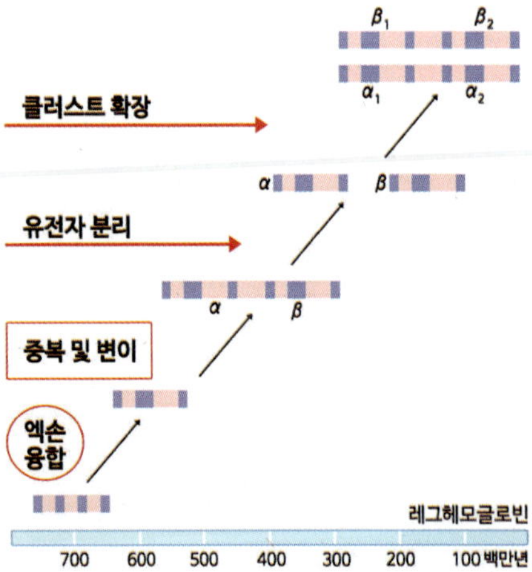

그림 4-21 글로빈 유전자의 진화적 양상

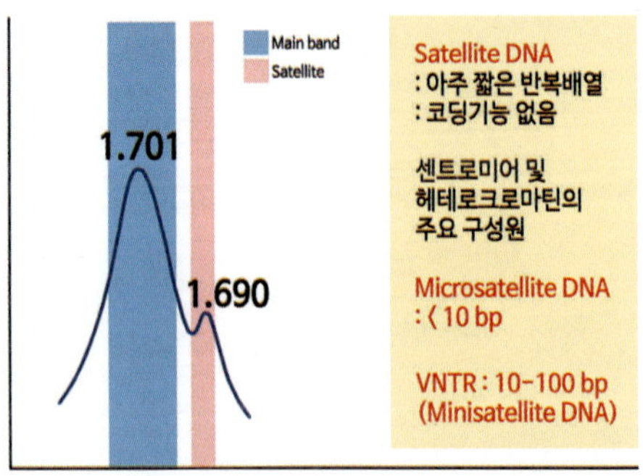

그림 4-22 생쥐 새틀라이트 DNA 분포 : Satellite DNA는 microsatellite와 minisatellite로 나뉜다.

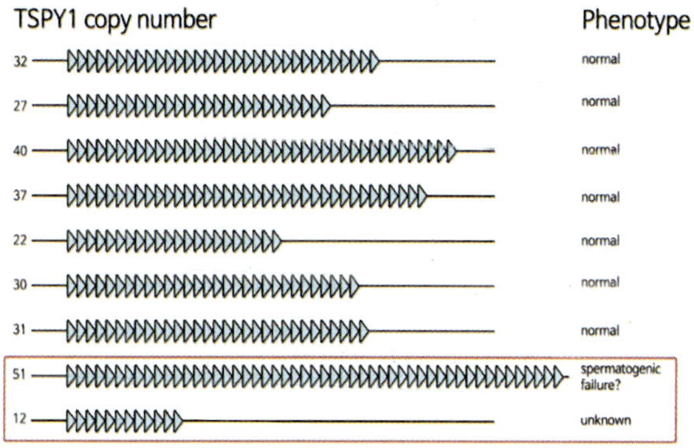

그림 4-23 유전자의 복사수와 남성불임 : TSPY유전자의 반복배열의 복사수로 인하여 야기되는 인간의 질병(남성불임)

이는 센트로미어나 이질염색질의 중요한 구성원으로 자리 잡고 있다. 이들의 돌연변이 이벤트는 질병과 깊게 연관되어 있다. 이러한 satellite DNA는 정상인과 환자를 구분할 수 있도록 해주기도 한다. 즉, 이들은 질병을 발견해내는 바이오마커가 될 수 있는 것이다. 반복배열의 수로 인하여 질병이 야기되기도 하는데, 남성불임을 야기 시키는 TSPY 유전자라 할 수 있겠다. 이 TSPY유전자의 복사수에 의해 남성 불임여부가 결정된다(그림 4-23). 즉, 유전자의 복사수가 적당히 유지되어야 질병으로부터 피할 수 있다는 대표적인 예라고 할 수 있다.

학습 요약 정리

1. **| 유전자수 |** 박테리아 500개, 포유류 2만 5천여개

2. 인간유전체의 1%만 엑손유전자로 단백질을 암호화

3. 인트론유전자 24%, 이동성유전인자 45%

4. Y염색체상의 정자생산 유전자 위치에 반복서열의 회문구조 형성
이동성유전인자 SINE(Alu)이 관여함

5. 서로 다른 개체에 따라 염기 서열에 변화가 일어남 - 유전체 다형성(SNP)
유전체 다형성에 따라 단백질의 변화 또는 표현형의 변화를 예측가능

6. Microsatellite DNA : 〈 10bp
Minisatellite DNA(VNTR) : 10-100bp

7. **| 유전자 중복 |** 백만년당 유전자의 1%
생물종다양성을 야기시키며, 진화의 핵심원동력임

8. 유전자 반복배열의 복사수로 질병 야기(남성불임)

5 DNA복제

DNA복제 기작

DNA복제 전에는 이중나선으로 되어있다. 복제 전의 이중나선(어버이 사슬)의 분리가 일어난다. 이때, 복제를 위해서는 AT,CG의 수소 결합이 끊어진다. 분리 이후 뉴클레오티드들이 분리된 사슬의 염기와 상보적으로 쌍을 이루고, 어버이 사슬을 주형으로 하여 새로 형성된 사슬이 복제되어 반보존적 복제를 이룬다(그림 5-1). DNA 중합효소가 새로 배열된 뉴클레오티드들 연결시킨다. 여기서 DNA 중합효소란, DNA 사슬의 중합화를 촉매하는 기능을 한다. DNA 복제의 기본적 개념은 어버이 사슬의 주형에 두 가닥으로 주형이 분리되고, 분리된 어버이 주형을 기준으로 새로운 사슬이 형성된다. 그 결과, DNA의 복제는 반보존적 복제를 이룬다고 말 할 수 있다. 반보존적 복제는 딸 DNA 분자의 한 가닥은 원래 어버이 것을 가지며, 다른 한 가닥만이 완전히 새롭게 만들어진다.

DNA 복제의 단계는 크게 사슬분리, 염기쌍 형성, 뉴클레오티드 연결로 3가지로 나눌 수 있다. 이러한 반 보존적 복제에는 여러 이벤트가 일어나고 있다. 그 중, DNA 중합효소가 중요한 역할을 한다. DNA 중합효소I은 세균의 DNA합성에 관여한다. 이는 콘버어그 박사가 최초로 발견 하였으며, DNA 복제에는 네종류의 dNTP(dATP, dTTP,

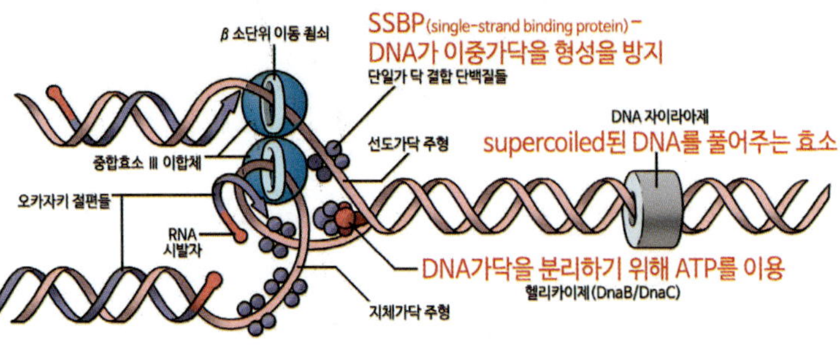

그림 5-1 DNA 복제 기작 : 이중나선으로 꼬여 있는 DNA를 자이라아제가 풀어주며, 헬리카아제가 AT, GC간의 수소결합을 끊어주면, 더 이상 단일 가닥들이 결합을 못하도록 SSBP(단일가닥 결합 단백질)이 결합한다. RNA시발자에 의한 오카자키 절편들이 만들어지고, 어버이 사슬을 주형으로 하여 새로 형성된 사슬이 복제되어 반보존적 복제를 이룬다.

dGTP, dCTP)와 주형 DNA가 필요하다. 사슬의 신장은 뉴클레오티드가 사슬의 3'에 첨가됨으로써 발생하고, 5'에서 3'방향으로 합성된다.

DNA의 수소결합을 깨고, 내부에서부터 잘라내는 핵산내부가수분해효소(enonuclease)와 말단에서부터 잘라내는 핵산외부가수분해효소(exonuclease)가 있다. 즉, 핵산내부가수분해효소는 DNA의 사슬의 내부의 영역은 어디든지 잘라내며, 핵산외부가수분해효소는 DNA의 말단에서부터 작용한다.

DNA의 선도가닥은 5'에서 3' 방향으로 연속적으로 합성된다. 꼬여있는 DNA 이중나선은 자이라아제라는 효소가 풀어내는데, 이후 헬리카아제는 수소결합을 잘라낸다. 헬리카아제는 DnaB, DnaC로 구성되어 있다. 이에 나선이 분리되는데 여기에 이용되는 힘은 ATP에서 얻는다. 이후, SSBP가 작동하여 분리된 DNA 나선이 다시 재결합 하는 것을 방지한다. 중합효소III이 작동하고, 5'에서 3'방향으로 DNA가닥이 합성이 된다. 이에 반해 DNA의 지연 가닥은 RNA시발자가 작동하며, 불연속적으로 합성된다. 이러한 불연속적 합성으로 인해 생기는 마디를 오카자키 절편이라 부른다. 이는 오카자키 교수가 세계최초로 발견하여 명명된 이름이다. 이후, RNA시발자는 DNA중합효소I이 제거 한다. 마지막에는 DNA 리가아제가 작용하여 연결시키고 마무리가 된다.

DNA 복제의 정확성에 대하여 알아보자. DNA 복제시, 잘못되는 경우는 10의 9제곱이다. 이는 염기들마다 한 번 정도 일어난다. 따라서 이를 교정하기 위해 세포들은 유전적 착오들을 찾아내어 바르게 해주는 효소들을 지니고 있다. 때로는 이러한 일부 착오는 치명적일 수 있으나 일부 착오는 해롭지 않거나, 오히려 유리할 경우도 있다.

DNA중합효소들의 역할

DNA중합효소에는 DNA중합효소I, DNA중합효소II, DNA중합효소III이 있다. 이들은 5'에서 3'으로 중합하는 DNA사슬을 합성하는 촉매제로 중요한 역할을 하며, DNA의 불필요한 부분을 분해시키는 역할을 한다. 이때, 5'에서 3'으로 자르느냐, 3'에서 5'으로 자르느냐에 차이를 보인다. DNA중합효소I은 DNA의 말단 영역을 양방향에 상관없이 다 자를 수 있는 특징을 지니고 있다. 이와 달리 DNA중합효소II, DNA중합효소III은 3'에서 5'으로만 자를 수 있는 특징을 지니고 있다. 이러한 DNA중합효소I, DNA중합효소II, DNA중합효소III이 공통으로 중합하는 방향은 5'에서 3'이라 할 수 있다.

중합효소I은 RNA primer를 제거하고 gap을 채우는 역할을 한다(그림 5-2). 중합효소II는 외부 요인에 의해 손상된 DNA의 수리를 한다. 이러한 외부요인에 의해 손상된 DNA를 수리하는 기작이 없다면, 돌연변이가 생성되고 생명개체에 큰 타격을 입힐 것이다. 이러한 효소의 역할이 매우 중요하다고 할 수 있다. 중합효소III은 5'에서 3' 방향으로의 DNA복제의 필수 효소이다.

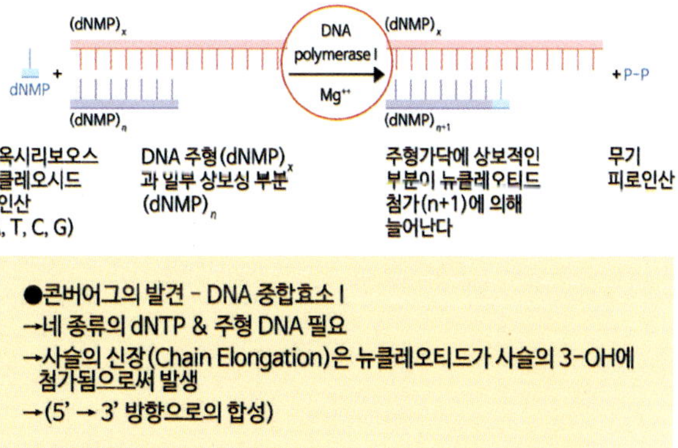

그림 5-2 세균의 DNA합성-복제효소 : DNA복제시 중합효소에 의해 DNA가 합성된다.

학습 요약 정리

1. DNA복제과정에서, 자이라아제 및 헬리카아제에 의해 이중나선이 풀리고, SSBP(single strand binding protein)에 의해 단일가닥이 안정화
프리마아제 효소에 의해 각 주형가닥을 따라 특정부위에서 합성이 개시
즉, 프리마아제는 3'말단을 제공하기 위한 짧은 RNA조각을 만들며, 여기에 뉴클레오티드를 붙임으로서 DNA 중합효소III이 중합을 시작

2. DNA이중나선의 역평행성 때문에 중합효소III은 선도가닥에서 5'에서 3'방향으로 DNA를 연속적으로 합성. 지연가닥에서는 오카자키 단편들이 생기며, 나중에는 DNA ligase에 의해 연결

3. DNA중합효소I은 RNA시발자를 DNA로 대체시키며, 이들 DNA는 DNA리가아제에 의해 인접한 폴리뉴클레오티드에 연결

6 RNA세계로 여행

DNA의 주형을 기반으로 RNA가 생성되고, 결론적으로 단백질 생성에 영향을 미친다. DNA 복제와 RNA전사를 비교해 보자. DNA에서 RNA로의 전사는 DNA복제와 유사하다. DNA복제는 분자 전체가 복사되며, 두 사슬이 모두 복사된다. 각 유전자의 한 복사본만 만들어지며, 복제는 세포주기의 S기 때에 만 일어난다. 이와 달리, RNA전자는 단일 유전자만 복사하며, DNA 두 사슬 중 하나만 분리되고 복사된다. 한 단일 유전자가 수천 번 이상 복사되며 전사는 간기(G1, S 및 G2기) 모두에서 일어난다. 결국은 전사 산물이 많이 필요해 져서, 하나의 단일 유전자이지만 많은 복사가 일어난다. 이후, 번역 후 단백질이 만들어져서 기능한다. 이를 유전자 발현이라 하는데, 유전자 발혀이 많이 된다는 것은 그만큼 많은 단백질이 생성되어야 함을 의미한다.

DNA에서 DNA로의 기작을 복제(replication), DNA에서 RNA로의 기작을 전사(transcription), RNA에서 단백질로의 기작을 번역(translation)이라 한다(그림 6-1). 복제시에는 DNA중합효소가 관여하며, 전사시에는 RNA중합효소가 관여하며, 번역시에는 리보솜이 관여한다. 즉, DNA, mRNA를 거쳐 단백질이 생성되는 것이다.

-DNA에서 RNA로의 전사는 DNA 복제와 유사-

DNA 복제	RNA 전사
-분자 전체가 복사 -두 사슬 모두 복사됨 -각 유전자의 한 복사본만 만들어짐 -복제는 세포주기의 S기 때에 만 일어남	-단일 유전자만 복사 -DNA 두 사슬 중 하나만 분리되고 복사됨 -한 단일 유전자가 수천 번 이상 복사됨 -전사는 간기(G1, S, 및 G2기) 모두에서 일어남

그림 6-1 DNA복제와 RNA전사의 비교분석

RNA, DNA 중 어느 것이 먼저 탄생되었는가?

최초에 생명분자로 발생한 것은 DNA인가? RNA인가? RNA는 효소의 역할을 하며, 단백질로의 기능을 하며 유전정보도 지니고 있다. 이러한 RNA를 기반으로 cDNA가 만들어지고 이중가닥인 DNA가 생성되었다. 지구의 최초 생명분자 탄생에서는 DNA보다 RNA가 먼저 생성되었다고 할 수 있다. 현존하는 대부분 생물들은 DNA를 이용한다. 사실, RNA는 열에 약하고 비교적 불안정하다고 할 수 있다. DNA는 이중나선으로 안정화되어 유전정보를 잘 보존하고 있다. DNA가 데옥시리보오스를 지니고, 염기 중 티민을 지닌데 비해 RNA는 리보오스와 우라실을 지니고 있다. DNA와 RNA는 공통으로 인산기와 아데닌, 구아닌, 시토신을 지니고 있다(그림 6-2). 이 인산기는 전기적 -를 띠고 있어

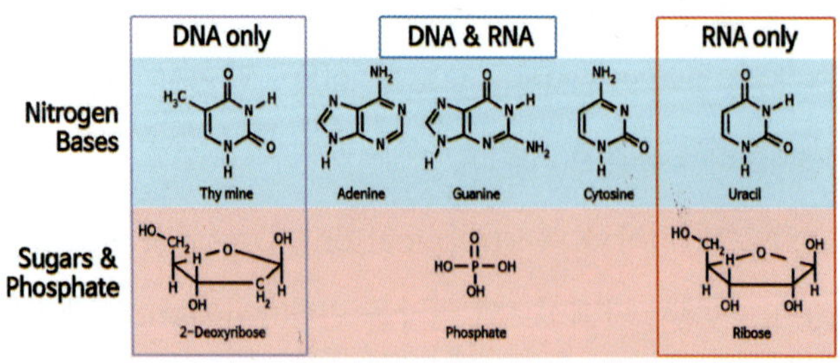

그림 6-2 핵산의 구성 : DNA는 데옥시리보오스를 RNA는 리보오스를 가진다. DNA는 염기 중 티민을 지닌데 비해 RNA는 우라실을 지니고 있다. DNA와 RNA 모두는 공통으로 인산기와 아데닌, 구아닌, 시토신을 지니고 있다.

서 전기영동 시, -에서 +방향으로 흐르도록 한다. 그 결과, RNA와 DNA는 +방향으로 움직이며 분자 크기에 따라 줄을 서게 되며 관찰이 용이하다.

RNA의 특징

RNA는 단일가닥의 폴리뉴클레오티드 사슬로 구성되어 있으며, DNA를 주형으로 한 전사물이다. 당은 리보오스이며 염기는 A,G,C,U가 있다. RNA는 mRNA, tRNA, rRNA등 다양한 종류가 있다. 이러한 다양한 RNA는 다양한 기능을 수행하고 있다(그림 6-3). rRNA가 체내에 가장 많으며, 이에 RNA실험에서 rRNA의 18s, 28s 두 밴드가 뜨면 RNA 추출이 잘 되었다고 확인할 수 있다. 즉, 바이오 마커로 이용될 수 있다. 나머지 tRNA는 15%, mRNA는 5%를 차지하고 있다. mRNA는 핵내에서 RNA중합효소의 도움을 받아 5'에서 3'의 방향으로 생성된다. 이 기작에는 프로모터, 인핸서, 전사인자가 관여한다. 인핸서, 프로모터 영역에 다양한 전사인자가 결합을 하면 5'에서 3'으로 전사가 진행된다(그림 6-4).

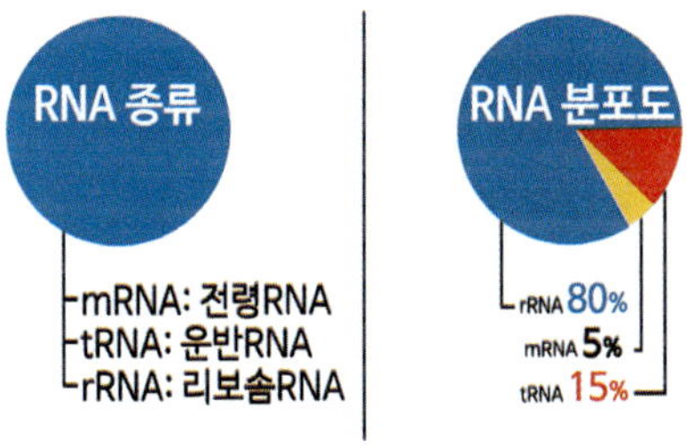

그림 6-3 RNA의 종류(좌)와 분포도(우)

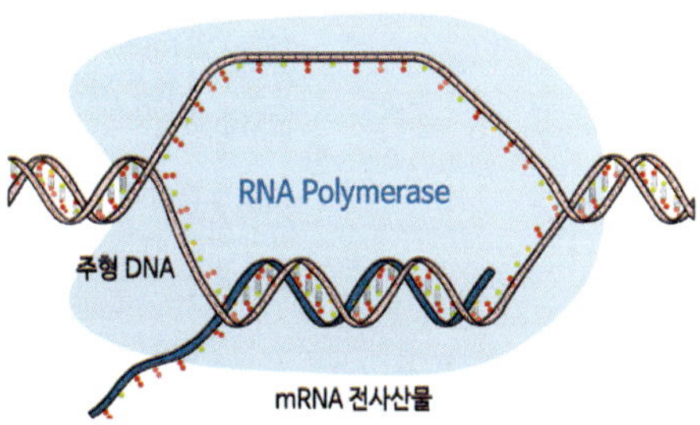

그림 6-4 전령RNA는 핵내에서 단일가닥의 DNA주형을 따라 RNA중합효소의 도움으로 만들어진다.

tRNA는 세포질에서 먼저 아미노산과 결합한 다음, 리보솜 상에 있는 mRNA 정보의 특이적 서열에 따라서 정렬된다. 각 tRNA는 하나의 아미노산만을 운반한다(그림 6-5). 여기서, 안티코돈의 루프가 코돈을 인지한다. rRNA는 tRNA 및 mRNA와 함께 작용하여 유전정보를 단백질로 번역한다. 리보솜 단위가 mRNA를 따라 이동하면서 정보를 읽어간다. 진핵생물과 원핵생물은 rRNA의 크기가 다르다. 진핵생물에 있어서는 유닛이 40s, 60s로 합쳐져 80s의 리보솜이 있으며 원핵생물은 유닛이 50s, 30s로 합쳐져 70s의 리보솜이 있다. 이외에 많은 단백질이 rRNA와 함께 작용하여 최종적으로 리보솜이 완성되어진다(그림 6-6). 이후, 단백질을 만들기 위해 리보솜에는 많은 부품이 필요하다. 서로 다른 크기의 rRNA와 여러 단백질이 필요한 것이다. 즉, 리보솜은 단백질을 만들어 내는 하나의 공장이라 할 수 있다.

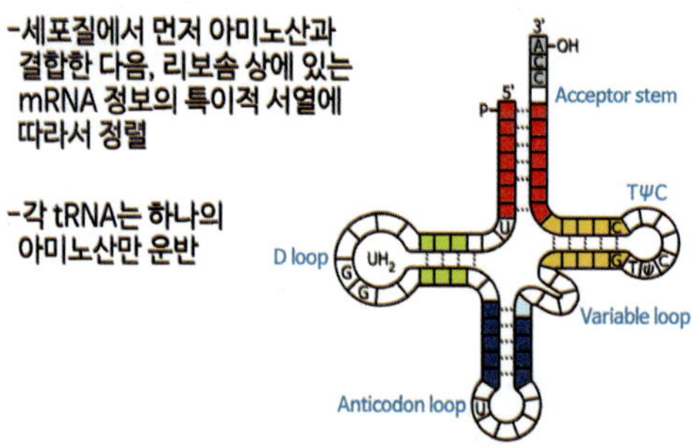

그림 6-5 운반RNA는 세포질에서 mRNA 정보의 특이적 서열에 따라서 아미노산을 운반한다.

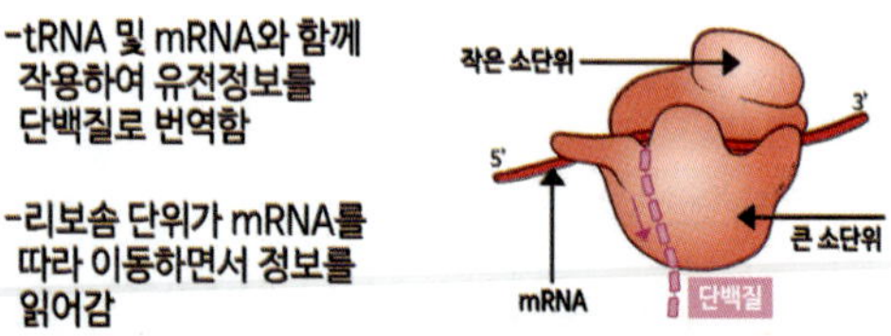

그림 6-6 리보솜RNA는 tRNA 및 mRNA와 함께 작용하여 유전정보를 단백질로 번역한다.

eRNA는 인핸서 RNA이다. 이는 인핸서의 유전정보로부터 전사되어 생성된다(그림 6-7). 이는 non coding RNA이다. 그러나 coding RNA처럼 중요한 기능을 지니고 있다. 인핸서 RNA는 유전자 전사를 방해하기도 한다. 염색사 및 염색체의 응축 및 풀림 기작에 방해를 하기도 한다. 그러나 이 인핸서 RNA의 기능은 시스 및 트랜스로 작용한다. 인접한 다른 유전자의 전사에 도움을 주기도 한다. 즉, 가깝거나 먼 유전자의 스위치 역할을 할 수 있다는 것이다. 쉐도우 인핸서는 멀리 있더라도 불가사의 한 유전자의 활동성을 일으켜 놀라운 현상을 야기 시킬 수 있다. 이와 마찬가지로 인핸서 RNA는 가깝고, 먼 유전자의 전사에 관여한다(그림 6-8).

siRNA는 short interfering RNA로 mRNA에 결합을 하여, mRNA단독으로 단백질 합성 공장으로 들어가지 못하도록 한다. aRNA 또한 mRNA에 결합을 하여 mRNA의 유전정보가 단백질로 변역되는 것을 차단한다. 이러한 현상으로 과다한 단백질 생산을 방지 할 수 있다.

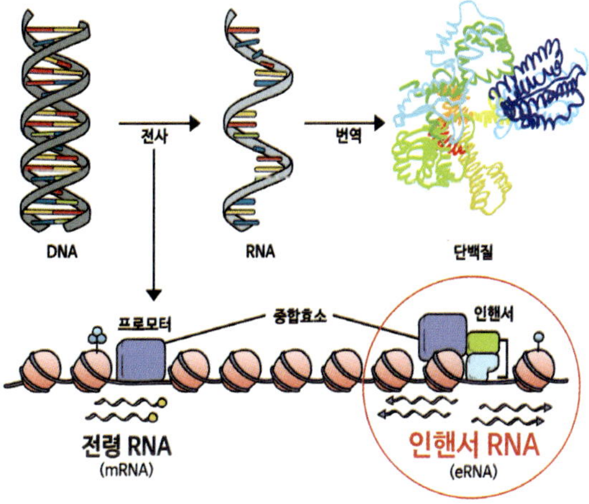

그림 6-7 eRNA : 인핸서 RNA는 유전자 전사를 활성화하기도 하고 방해하기도 한다. 인핸서 RNA의 기능은 시스 및 트랜스로 작용한다.

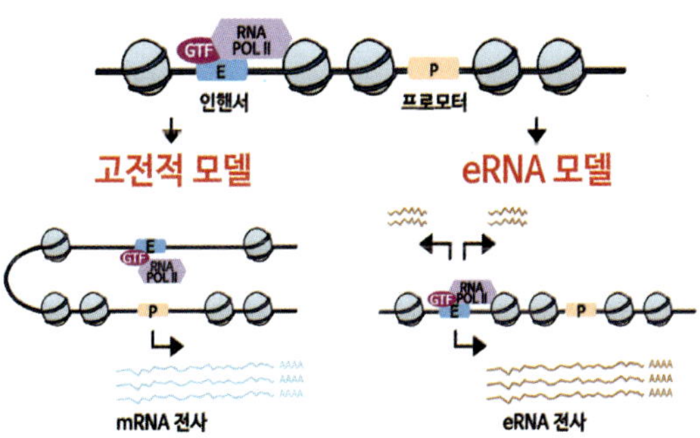

그림 6-8 mRNA 및 eRNA 전사 비교분석 모델

ncRNA와 이동성유전인자의 파워

ncRNA는 non coding RNA로 genomic DNA에 숨어 있다가 때가되면 RNA로서의 전사가 된다. 또한, 일부 ncRNA는 번역되어지는데 대부분 ncRNA 자체로서 다양한 기능을 수행한다. 인간 유전체의 70%는 전사되고 1%만 단백질로 번역된다. 나머지는 ncRNA 전사산물들이다. 이들의 기능은 무엇일까? 이의 기능은 번역, 분화 및 유전자 발현의 조절자이다. 이러한 ncRNA를 만들어내는데 이동성유전인자가 깊게 관여한다. 짧은 RNA단편들은 유전자 조절의 핵심인자이다. 이는 mRNA를 분해시키거나, 번역을 방해, 유전자의 작동을 마비시킨다. 즉, 유전자 조절의 핵심 인자인 것이다. ncRNA의 기능은 전사, 번역을 방해하거나 재조합 양상을 다양하게 한다(그림 6-9).

다양한 유전자 조절자인 마이크로 RNA는 Dicer단백질이 관여하고 있다. 핵 내 염색체 내에 마이크로 RNA를 암호화하는 유전자가 내재되어 있다가 전사된다.

이 전사산물들이 핵공을 통해 세포질로 나오면 Dicer단백질이 관여하여 성숙된 마이크로 RNA가 만들어진다. 이 마이크로 RNA는 mRNA를 무기력화 시키는 기능을 가지고 있다. 이 miRNA의 탄생에도 이동성유전인자가 관여 하고 있다.

miRNA는 21-23개의 염기로 구성된 아주 작은 RNA이다. DNA에서 RNA로 전사된 이후 여러 단계의 프로세싱 과정을 거쳐 완성되며, 단백질로 번역되지 않고 RNA상태로 세포 내에 존재한다. 이러한 마이크로 RNA는 다른 유전자를 조절하는 역할을 하는데 mRNA에 결합하여 mRNA를 억제함으로써, 단백질 생성을 방해한다. 인간에는 200종 이상의 마이크로 RNA가 존재하며, 생물체의 발생과 성장, 노화, 사멸 등 대부분의 생명현상에 관여한다(그림 6-10; 6-11).

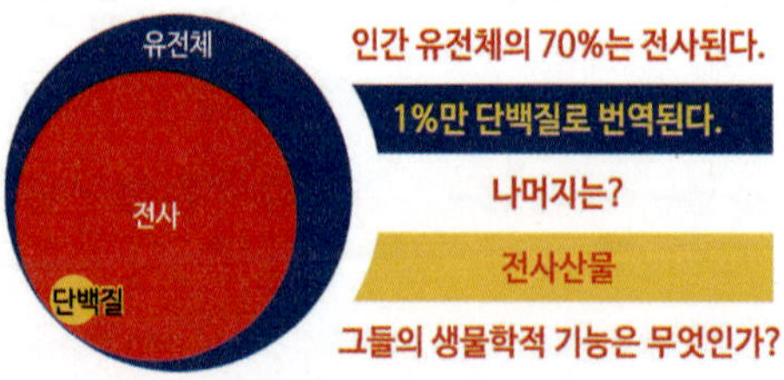

그림 6-9 ncRNA 전사산물의 기능은 번역, 분화 및 유전자 발현의 조절자이다.

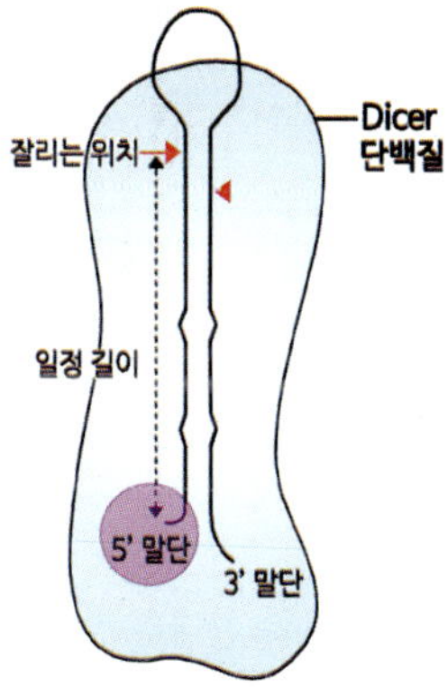

그림 6-10 마이크로RNA의 탄생과 생물학적인 기능

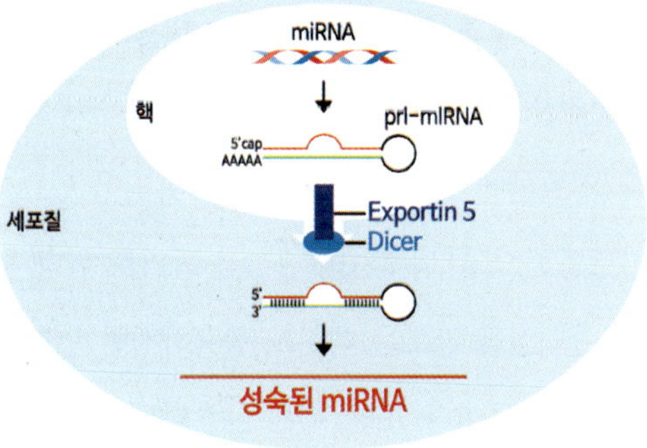

그림 6-11 핵과 세포질에서 마이크로RNA의 분자기작

RNA전사의 이해

유전자들에 저장된 정보가 단백질로 나타나는데, 세포에서의 유전 정보의 흐름은 DNA-RNA-단백질이다. DNA의 유전정보가 mRNA로 전사되어 핵공을 통해 빠져 나온다. 여기에는 중합효소 등의 다양한 기작이 작용하고 있다. RNA는 머리는 캡핑, 꼬리에는 테일링이 되어야 온전하게 단백질로 변화할 수 있다(그림 6-12). DNA가 구부러져야만 이러한 mRNA가 만들어지며, 이를 위해 프로모터, 인핸서 등 다양한 것들이 관여 한다. 여기서 놀라운 것은 프로모터와 인핸서의 관계이다. 인핸서가 프로모터 기능을 수행할 수도 있고, 프로모터가 인핸서의 기능을 할 수도 있다. 프로모터와 인핸서가 어떻게 관여하느냐에 따라 전사의 조절이 달라진다. 이에 다양한 조직의 각 부분에서 발현되는 전사 산물이 다르다.

RNA전사는 단일 유전자만 복사되며, DNA 두 사슬 중 하나만 분리되고 복사된다. 한 단일 유전자가 수천 번 이상 복사된다. DNA는 전사를 거쳐서 mRNA, rRNA, tRNA가 되며 이들은 리보솜에 관여한다. 그 결과, 번역이 이루어지고 단백질이 생성된다. 여기서, 전사란 효소가 DNA분자의 한 부위를 RNA분자로 복사하는 것을 말한다. 번역은 한 종류의 RNA정보 분자가 리보솜들에 의해 폴리펩티드를 만드는는 특정 아미노산 서열로 전환시키는 과정이다.

RNA전사에서는 먼저 사슬의 분리가 이루어진다. DNA의 이중나선이 분리되며, 이때 수소결합이 파괴된다. 이후, 상보적 염기쌍이 생성된다. 뉴클레오티드의 결합이 이루어지며 최종적으로 완성이 된다. 전사 생성물이 생성된다. 이때 어버이 DNA는 원본 그대로 유지된다. 인트론에 인핸서의 파워가 잠복되어 있으며, 이동성유전인자가 내재되어 있다. 이러한 인트론은 엑손 뒤섞기의 현상을 돕기도 한다. 어떤 인트론은 엑손보다 더 잘 보존되기도 한다. 단백질을 만드는 엑손도 중요하지만 인트론도 중요하다. 엑손을 컨트롤하는 것이 인트론이기 때문이다. 또한, 인트론은 다양한 선택적 재조합이 일어나도록 한다.

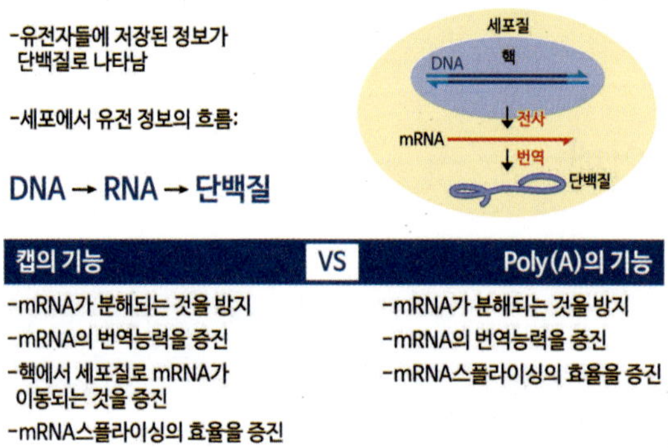

그림 6-12 mRNA전사 : DNA의 유전정보가 mRNA로 전사되어 핵공을 통해 빠져 나온다. mRNA는 머리는 캡핑, 꼬리에는 테일링이 되어야 성숙한 mRNA의 완성으로 온전하게 단백질로 번역될 수 있다.

학습 요약 정리

1. RNA합성은 DNA를 주형으로 한 전사물
2. RNA의 당은 리보오스이고, 염기는 A,U,G,C
3. RNA종류 - mRNA, tRNA, rRNA, aRNA, eRNA, miRNA, siRNA, ncRNA
4. Non-coding RNA의 기능은 유전자 발현 및 번역의 조절자
5. RNA중합효소가 DNA의 촉매역할
6. **| RNA중합효소I |** rRNA(28S, 18S, 5.8S)를 전사
7. **| RNA중합효소II |** mRNA 생산을 담당
8. **| RNA중합효소III |** tRNA, 5S rRNA를 전사
9. RNA 중합효소는 DNA중합효소와는 달리, 전사과정을 검사하거나 교정하지 않음
10. 전사는 5'에서 3'방향으로 일어남
11. 전사복합체가 DNA를 따라 이동하면서 전사가 일어남
12. RNA가 합성될 때, 상보적으로 작용하는 DNA가닥을 주형이라고 함
13. mRNA의 5'쪽에는 개시코돈이 있고, 3'쪽에는 종결코돈이 있음
14. 성숙한 mRNA는 capping 및 tailing되어 있음
15. 엑손유전자를 조절하는 것이 인트론유전자임

단백질 합성과 번역

RNA를 주형으로 번역이 되면 단백질이 합성된다. 번역이란, 한 종류의 RNA 정보 분자가 리보솜들에 의해 폴리펩티드를 만드는 특정 아미노산 서열로 전환시키는 과정을 말한다. 이를 통해 만들어진 단백질은 세포 운반 경로 등을 통해 그들이 필요한 곳에 가서 기능을 하게 된다. 개시, 신장, 종결과정을 거쳐 단백질이 합성된다(그림 6-13).

3개의 염기가 하나의 코돈이 되는데, 64개의 서로 다른 코돈으로 20개의 아미노산을 만들어낸다. 이 코돈은 A,U,G,C의 염기들로 구성된다. 단백질 생성에 관여하는 코돈 중, 정지를 명령하는 코돈은 UAA, UAG, UGA이다. 64개의 코돈이 있는데 생성되는 아미노산이 20개라는 것은 서로 다른 코돈들이 동일한 아미노산 생산을 명령하기도 한다는 것을 의미한다. 여기서 코돈이란 특정 아미노산을 암호화하는 mRNA의 3개의 인접해 있는 염기서열을 말한다. 이는 모든 생물에서 공통적이며, 유전암호는 생명의 역사 초기에 진화된 것임을 시사한다. 또한 거의 변화 없이 유지가 잘 되며, 원생동물 및 미토콘드리아에서 예외가 발견되기도 한다. 유전암호는 반복되는 특성이 있다. 앞에서 언급했듯이 64개의 코돈 중에서 3개의 종결코돈을 제외한 61개의 코돈이 20개의 아미노산을 결정한다. 즉, 여러 개의 코돈이 하나의 아미노산을 결정한다.

코돈이 아미노산을 결정지어주는 mRNA의 인접한 3개의 염기서열이라면, 안티코돈은 tRNA에서의 코돈의 상보적인 염기서열을 말한다. 코돈과 안티코돈의 바른 짝짓기가 단백질의 옳은 아미노산을 갖도록 한다.

단백질 합성 과정의 단계에는 개시, 신장, 종결, 해체가 있다. 개시에서는 개시성분들의 조립, 즉, 두 개의 리보솜 소단위가 mRNA에 결합한다. 첫 번째 tRNA가 mRNA에 결합한다. 신장에서는 두 번째 Tyr-tRNA 결합 후 Met과 Tyr 펩티드 결합, tRNA와 Met 결합을 끊고 첫 번째 tRNA 방출, 리보솜 이동 후 단계적으로 펩티드 형성을 이룬다. 종결에서는 리보솜이 mRNA의 종결코돈에 도달하게 되면 종결인자들이 tRNA에 결합하여 번역을 정지시킨다. 이러한 과정 후에는 폴리펩티드 사슬의 완성 후 해체가 일어난다.

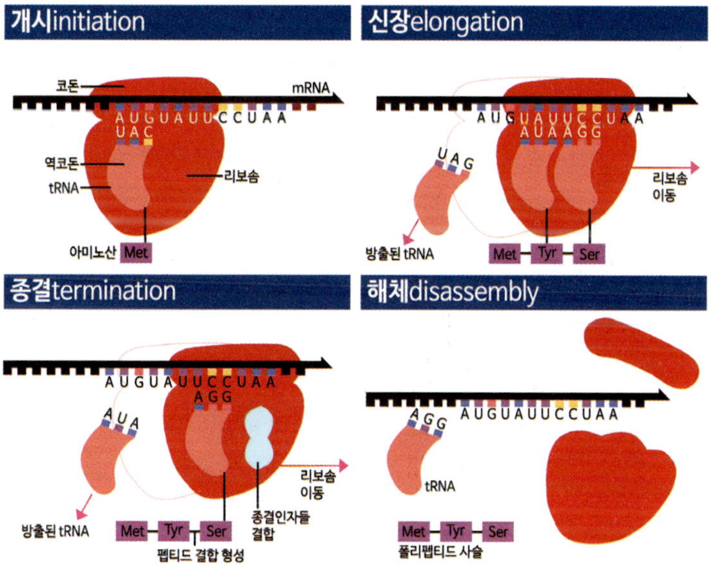

그림 6-13 단백질 합성 과정 4단계 : 개시, 신장, 종결, 해체

단백질의 접힘과 특성

단백질의 접힘에 있어서 친수성은 밖으로, 소수성은 안쪽으로 위치하게 된다. 또한, 단백질 간의 결합에는 결합의 영역은 바깥쪽에 위치한다. DNA에 붙는 단백질은 DNA가 -를 지니는 것을 유의한다면 그 특징을 짐작 할 수 있다. 즉, +를 띠는 아르기닌, 라이신 등을 지닌 단백질의 영역은 DNA에 붙을 수 있다. 어떠한 단백질의 핵심영역을 도메인이라 한다 이러한 영역의 단백질이 바뀌면 치명적이라 할 수 있다. 예로, 인간의 언어를 담당하는 유전자인 FoxP2의 단백질에 변화에 주목하자. 인간, 침팬지, 쥐에 대해 이 유전자에 대해 비교 분석 결과, 단백질 2개의 차이가 발견되었다. 이에, 인간이 침팬지와 쥐와 다르게 다양한 언어를 사용 할 수 있음을 추론할 수 있다. 쥐에게 이 유전자를 주입하자 쥐가 어느 정도의 언어다운 소리를 구사 할 수 있었다는 연구 결과가 있다. 이를 통하여 단백질의 변화가 중요하다는 것을 알 수 있다.

학습 요약 정리

1. **| 개시 |** 두 개의 리보솜 소단위가 mRNA에 결합하고 첫 번째 tRNA가 mRNA에 결합하는 것

2. **| 신장 |** 두 번째 Tyr-tRNA 결합 후 Met과 Tyr 펩티드 결합, tRNA와 Met 결합을 끊고 첫 번째 tRNA 방출, 리보솜 이동 후 단계적으로 펩티드 형성

3. **| 종결 |** 리보솜이 mRNA의 종결코돈에 도달하여 종결인자들이 tRNA에 결합하여 번역을 정지

4. **| 해체 |** 폴리펩티드 사슬 완성 후, 리보솜은 해체

7 유전공학 - 재조합 DNA의 기술

재조합 DNA의 생성

재조합 DNA의미는 자연적으로는 같이 발견 되지 않는 DNA분자들을 새로 조립하는 것을 말한다. 클론은 한 조상에서 유래한 동일한 생물들, 세포들, 또는 동일 분자들을 뜻한다. 재조합 DNA기술은 DNA의 정제, 제한 효소로 절단, 벡터 DNA와의 결합으로 재조합 DNA생성, 숙주 세포로 재조합 DNA 전달, 숙주 세포의 복제, 클론화된 DNA 분자의 회수, 분리 및 연구로 구성되어 있다. 유전자 조작은 효소를 사용해 특정 유전자를 분리해 벡터에 심어 전혀 다른 유전자에 이식하는 과정으로 이루어져 있다.

제한효소란, 침입한 바이러스 DNA를 파괴함으로써 바이러스 감염을 제한할 목적으로 세균세포가 만드는 단백질이다. 이러한 제한효소를 이용하면 특정 DNA 서열을 인식하여 결합하고 인식서열 내 특정 뉴클레오티드의 인산-당 골격을 자를 수 있다. 제한단편은 특정 제한효소가 생산한 DNA조각을 말한다. 특정 DNA 서열에 대해 특정 제한 효소가 만들어내는 제한 단편은 언제나 동일하다. 제한효소와 인식부위에 대해 알아보자. 예로 제한 효소인 EcoRI은 GAATTC를 인식한다. 따라서 G와 AATTC 사이를 자르게 되어있다. 이에 말단은 점착 말단이 된다(그림 7-1). 이처럼 점착말단이 생성되는 형태도 있으며, 어떤 제한 효소는 무딘 말단을 생성한다. 예로는 SmaI은 GGGCCC사이를 자르게 되어 무딘 말단으로 자른다(그림 7-2). 이후 상보적 꼬리를 가진 단편들은 상보적 염기쌍에 의한 재결합으로 재조합 DNA분자들이 만들어 진다. DNA 리가아제가 틈을 메우며 두 가닥은 공유결합이 형성된다.

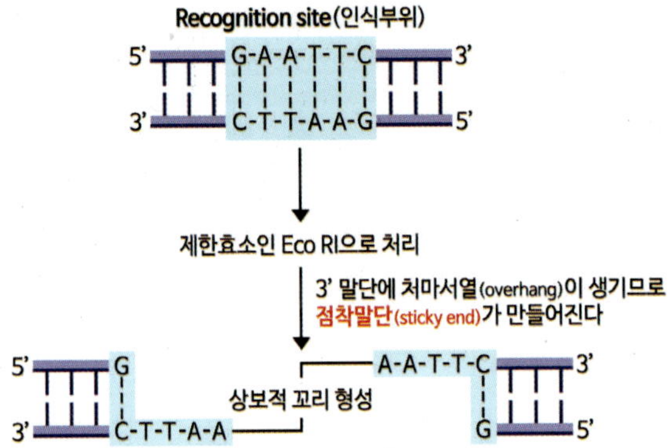

그림 7-1 제한효소 EcoRI의 인식부위

그림 7-2 제한효소의 점착말단 생성과 무딘말단 생성

DNA를 운반하는 벡터

재조합 DNA기술에는 목적 DNA의 운반용 분자인 벡터가 필요하다. 이는 숙주 세포내에서 안정적으로 복제가 가능한 DNA분자이며, 제한 효소 절단부위를 포함하고 있어, 외부의 DNA를 받아들일 수 있어야한다. 또한, 선별 표식자가 필요하며 회수가 용이해야 한다. 최초의 벡터는 세균의 플라스미드 DNA이다. 세균의 플라스미드는 염색체 밖의 이중가닥 원형 DNA 분자로 세균 세포내에서 자동적으로 복제가 가능하다. 복제 벡터는 목적 DNA 단편들의 복제를 위한 벡터에서 DNA 사본의 생산이 가능해진다. 이외에도

다양한 벡터가 존재한다. 발현 벡터는 삽입된 외래 DNA정보가 발현되도록 하는 조절 서열이 포함되어 있는 벡터이다. 효모 인공염색체는 매우 긴 DNA 단편을 클론화 할 수 있도록 텔로미어와 복제원점, 그리고 동원체를 포함하고 있는 벡터이다. 이외에도 바이러스 DNA나 세균 등의 벡터들도 많이 개발되어 있다. 벡터로 사용되는 세균의 플라스미드는 대장균에서 분리된 원형의 플라스미드 분자로, 유전적으로 조작된 플라스미드들은 DNA 클로닝을 위한 운반체로 사용된다(그림 7-3).

여러 가지 벡터 (vector)		
	클로닝 벡터 (cloning vector)	목적 DNA 단편들의 복제를 위한 벡터 → DNA 사본의 생산이 가능해짐
	발현 벡터 (expression vector)	삽입된 외래 DNA 정보가 발현되도록 하는 조절 서열이 포함되어 있는 벡터
	효모 인공염색체 (Yeast artificial chromosome, YAC)	매우 긴 DNA 단편을 클론화할 수 있도록 텔로미어와 복제원점, 그리고 동원체를 포함하고 있는 벡터

이 밖에도 바이러스 DNA나 세균 및 인간의 인공염색체 벡터 등도 개발되어 있다.

그림 7-3 DNA의 운반용 분자인 벡터의 종류

최초의 플라스미드 벡터인 pUC18의 구조에는 암피실린 저항성 유전자가 삽입되어 있고, 클로닝이 용이하도록 폴리링커 부위와 선별 표식자 유전자(항생제 저항성 유전자와 lacZ 유전자)를 포함하도록 조작되어 있다. 이 벡터에 존재하는 제한부위들을 이용하여 외부 DNA를 삽입한다(그림 7-4). pUC18을 사용한 DNA 클로닝에는 플라스미드 벡터인 pC18은 lacZ 유전자 내부에 있는 폴리링커 영역 내에 독특한 제한 효소 절단 부위들을 포함하고 있다. 플라스미드와 클론화될 DNA를 모두 동일한 제한효소로 절단하여 말단이 상보적인 서열을 갖는다 삽입된 외래의 DNA는 플라스미드 내의 lacZ 유전자를 파괴함으로, 이를 가진 세균세포는 X-gal을 대사하지 못하여 흰색 콜로니를 형성한다. 이와 달리 클로닝 되지 않은 벡터는 청색의 클론을 나타낸다. 이를 통하여 가시적으로 벡터에 외부 DNA의 삽입 여부를 확인 할 수 있다.

또 다른 벡터로는 이동성유전인자가 제공하는 벡터가 있다. 이를 피기백 트랜스포존 벡터라고 한다. 이는 TTAA사이트로 DNA유전정보를 운반한다. 또 다른 이동성유전인

자에 관한 벡터로는 슬리핑 뷰티 트랜스포존 벡터 시스템이 있다(그림 7-5). 이러한 것들은 정상 유전자를 탑재하여 문제가 있는 부분으로 운송시켜 질병치료에도 이용이 된다. 이외에도 루시퍼라제 리포터 벡터라는 것이 있는데 이는 유전자의 활동성 여부를 형광색으로 나타내는데 이용된다. 이는 유전자 발현 여부와 발현 부위 등을 알 수 있도록 해준다. 또한, 리포트 유전자를 이용하면 형광 빛을 내는 물질을 삽입하여 대장암 탐색을 할 수 있는 기능이 연구되어 있다(그림 7-6).

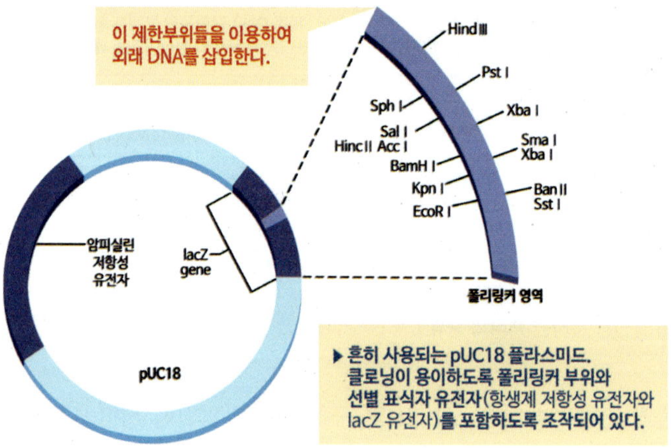

그림 7-4 클로닝을 위한 벡터의 구조

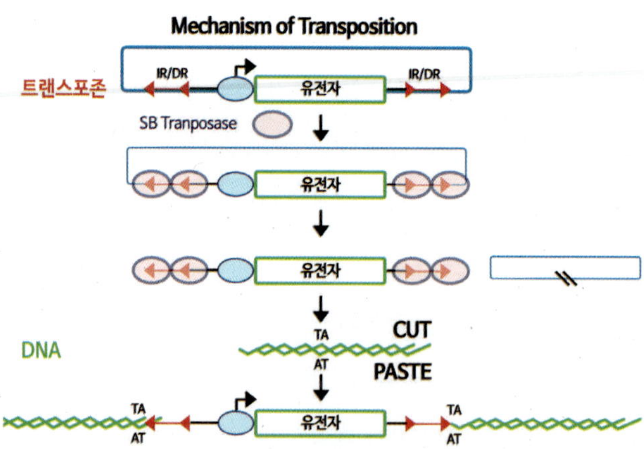

그림 7-5 이동성유전인자를 이용한 슬리핑 뷰티 트랜스포존 벡터

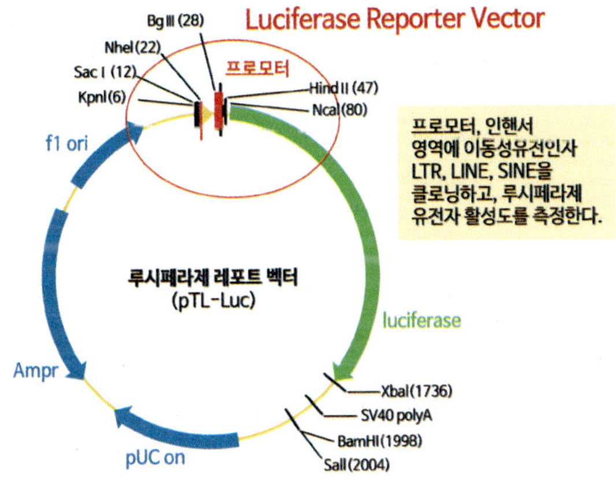

그림 7-6 유전자의 프로모터 및 인핸서의 활성도를 확인하기 위한 루시페라제 레포터 벡터

PCR(중합효소연쇄반응) 기술

PCR증폭기술은 특정DNA영역을 대량으로 복사하는 기술이다. 주형DNA, 프라이머, 중합효소, dNTP, 완충액을 이용하여, 열변성-냉각 및 프라이머 결합-신장의 3단계를 반복하면 증폭하고자 하는 영역을 충분히 얻을 수 있다(그림 7-7). 신속 정확하고 경제적이기 때문에 새로운 종 동정, 반복서열 규명, 돌연변이 탐색, 질병유전자 분석, 혈연관계 및 법의학 영역 등에 널리 이용된다.

PCR증폭산물은 다양한 벡터에 클로닝하여 클론 도서관을 만들 수 있다. 또한 mRNA로부터 cDNA를 합성하여 cDNA도서관을 만들어 발현되는 유전자 정보를 얻을 수 있다. 클론 도서관으로부터 콜로니 블로팅을 통한 특정 질병유전자를 선별해 낸다(그림 7-8).

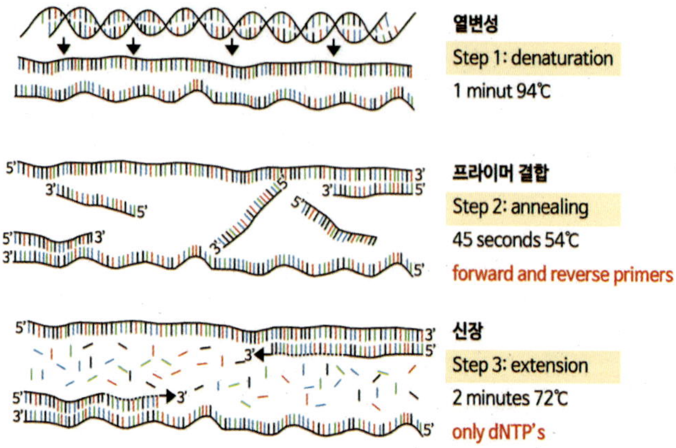

그림 7-7 PCR 증폭 기술 개요 : 특정DNA영역을 대량으로 복사하는 기술로서, 주형DNA, 프라이머, 중합효소, dNTP, 완충액을 이용하여, 열변성-냉각 및 프라이머 결합-신장의 3단계를 반복하면 증폭하고자 하는 영역을 충분히 얻을 수 있다.

그림 7-8 콜로니 블로팅에 의한 질병유전자 검색

학습 요약 정리

1. 제한효소, 벡터, DNA 연결효소 등은 재조합 DNA 기술의 바탕이 됨

2. 벡터들은 숙주세포에서 자동적으로 복제되므로 새로 만들어진 재조합 DNA 분자들을 다량으로 얻을 수 있도록 함

3. 재조합 DNA 분자들은 숙주 세포로 전달되어 숙주세포의 복제과정에서 클론화된 복사본들을 생성함

4. 중합효소 연쇄반응(PCR)은 유전체 DNA와 같이 복잡한 DNA 집단에 존재하는 특정 DNA 서열을 증폭시킴으로써 빠르고 경제적으로 클로닝 가능

5. DNA 유전자정보서열들은 시퀀싱을 포함한 다양한 방법으로 분석됨
블로팅 혼성화 등 다양한 기술들이 유전자와 그 조절 부위를 규명하는 데 사용됨

8 돌연변이 및 인간의 질병

돌연변이의 원인 및 중요성

돌연변이란 유전물질인 DNA가 갑자기 변화하고, 자손에게 전달되는 일이다(그림 8-1). 이를 통해 집단 내 유전자의 다양성이 야기된다. 또한 다양한 질병과 세포사멸을 야기 시키는 유전적 변화의 근원이다. 어떠한 조합으로 이루어지느냐에 따라 다음세대에 돌연변이가 유전되어 나타나거나, 잠복되었다가 후세대에 발현되기도 한다. 염색체 돌연변이에는 염색체 수의 변화와 구조의 변화가 있다. 염색체 수의 변화에는 배수성, 이수성 변화가 있다. 염색체 구조의 변화에는 결실, 중복, 역위, 전좌가 있다. 유전자 돌연변이에 있어서는 전이(transition mutation), 전환(transversion mutation), 과오(missense mutation), 무의미(nonsense mutation)가 있다. 이러한 돌연변이 현상들로 말미암아 생물종 다양성이 야기된다.

기형과 비정상의 원인은 돌연변이이다. 인간의 돌연변이는 정자와 난자가 만나 수정되는 순간 결정된다. 서로의 유전정보가 섞일 때 문제가 생기거나, 부모의 유전자에 문제가 생길시 돌연변이가 일어난다. 유전적 이상으로 염색체 일부가 잘려나가는 결실, 같은 염색체가 중복되는 중복, 염색체 자리가 서로 바뀌는 역위 등에 의해 돌연변이가

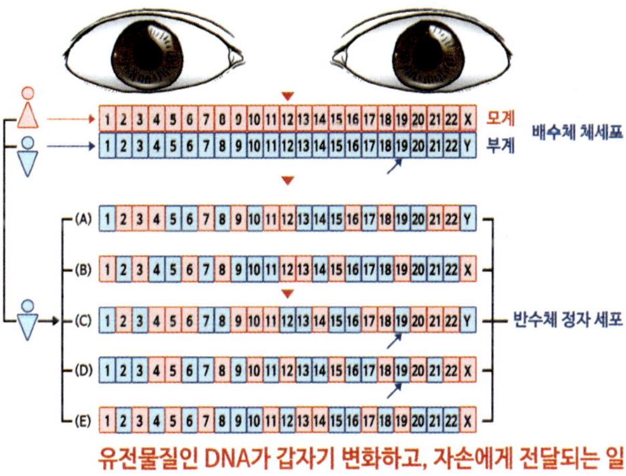

그림 8-1 유전적 변화의 근원인 돌연변이는 자손에게 전달된다. 염색체 돌연변이에는 염색체 수의 변화와 구조의 변화가 있다. 염색체 수의 변화에는 배수성, 이수성 변화가 있다. 염색체 구조의 변화에는 결실, 중복, 역위, 전좌가 있다. 유전자 돌연변이에 있어서는 전이(transition mutation), 전환(transversion mutation), 과오(missense mutation), 무의미(nonsense mutation)가 있다.

생긴다(그림 8-2). 수적인 이상에 의한 질병에는 21번 염색체가 3개로 정상인보다 1개 더 많을 때 생기는 질병인 다운 증후군이 있다. 이러한 질병의 증상은 두 눈 사이가 크게 벌어지고, 혀가 두꺼워 항상 입을 벌리고 있으며, 성장이 늦고 지능도 낮다. 이 외에도 성 염색체의 구성이 XXY로 유방이 발달하는 등 불완전한 남자가 되는 클라인펠터 증후군이 있다. 또 다른 예로는 터너 증후군이 있는데, 성염색체의 구성이 X로 겉으로 보기에는 여자이나 2차 성징이 느리고 키가 작으며 지능이 대체로 낮은 특징이 있다.

유전자 돌연변이는 DNA의 구조가 변화하여 발생한다. 이의 예로는 초파리의 눈색, 모양 등이 있다. 이외에도 사람의 정상적인 적혈구는 원반형인데 돌연변이로 낫 모양이 되면 산소운반이 잘 안되어 빈혈이 되는 겸상적혈구 빈혈증이 있다. 또한, 멜라닌색소를 형성하는 유전자에 변이가 생겨, 몸 전체 또는 일부분이 희게 되는 현상인 알비노 증상이 있다. 이러한 돌연변이들은 자연발생적으로 일어나거나 방사선 등의 외부의 자극에 의해서 일어나기도 한다. 돌연변이의 중요성은 표현형적 다양성 야기, 환경 변화에 대한 적응, 진화의 다양한 기작을 제공한다. 돌연변이 때문에 생기는 표현형적 다양성에서 변이형질을 만드는 유전자의 추적이 가능해진다. 즉, 표현형적으로 다양한 생물종에 대해서 하나의 돌연변이가 일어난 영역을 유전적 마커로 이용할 수 있다.

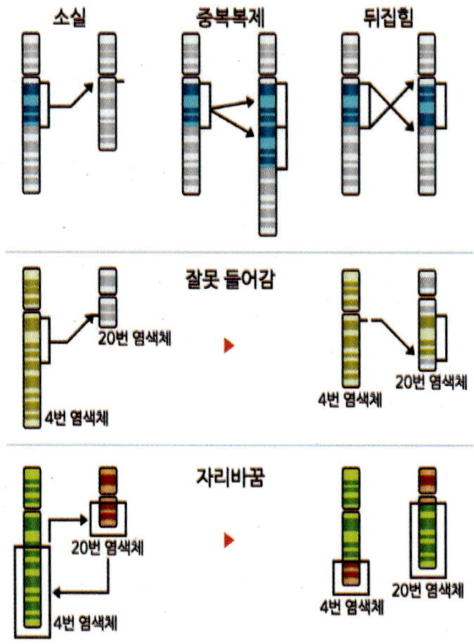

그림 8-2 염색체 돌연변이의 형태

다양한 돌연변이

미국 국립인간게놈연구소에서는 개가 인슐린 유사 성장인자1로 불리는 물질의 영향으로 소형견과 대형견으로 나뉜다는 것을 알아냈다. 성장인자의 아주 작은 부분에 돌연변이가 일어나면서 크기가 확연하게 달라지는 것이다. 외모 뿐 아니라, 성격도 유전자와 관련이 깊다. 사냥견, 탐지견, 맹인안내견 등의 특성을 지니는 개의 특성에도 이러한 유전자가 영향을 미친다는 것이다. 세균과 같은 원핵생물을 제외한 모든 세포에는 핵이 있고, 이 안에는 염색체와 DNA가 있다.

돌연변이의 핵심은 이 DNA에서 일어난다고 할 수 있다. 이러한 DNA의 변화가 커다란 변화를 만들어 내는 것이다. 이렇게 DNA와 돌연변이의 관계를 알아보았으며, 표현형에 대한 연구를 통해 유전자의 기능에 대한 연구를 하는데, 자연 돌연변이는 정상적인 화학과정 중에서 자연적으로 발생하는 돌연변이이다. 이와 달리 유도 돌연변이는 인위적인 요소에 의한 영향의 결과로 발생하는 돌연변이이다. 개체 발생 초기의 변형인가 부화된 후의 변형인가에 따라 달리 나타나는 돌연변이를 생식세포 돌연변이, 체세포 돌연변이라 한다. 분자 형태변화의 돌연변이는 점돌연변이, 염기치환, 전이, 전환이 있다. 염기 치환 돌연변이는 하나의 염기쌍이 다른 것으로 바뀌는 것이다. 이러한 것을 구체적으로 살펴보면, 염기의 변화로 삼중자 암호가 지정하는 아미노산이 바뀐 과오 돌연변이(그림 8-3)와 암호 코돈이 중지코돈으로 바뀌어 번역 종결을 초래하는 무의미 돌연변이가 있다. 이외에도 점 돌연변이에 의해 코돈이 바뀌었으나 아미노산 변화는 없는 침묵 돌연변이와 삼중자 암호의 해독틀이 바뀐 것으로 삽입이나 결실에 의해 발생하는 틀이동 돌연변이가 있다.

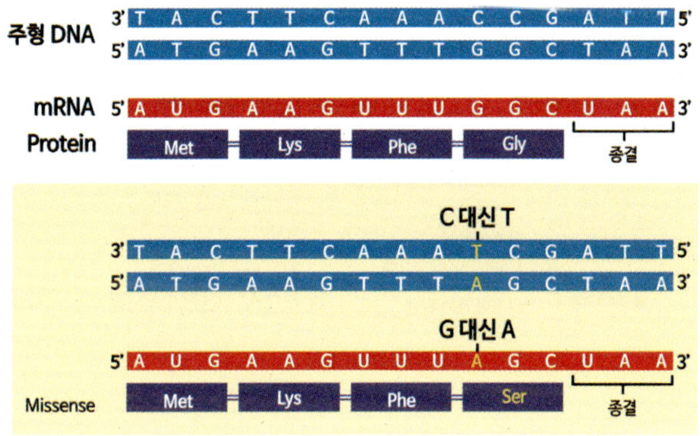

그림 8-3 과오 돌연변이 모식도

돌연변이와 유전자 기능의 상관관계

돌연변이로 인해 기능을 상실하거나 획득하는 것에 대해 살펴보도록 하자. 유전자의 기능이 완전히 제거된 영돌연변이가 있으며, 유전자의 기능이 약간 유지되며 과오 돌연변이의 경우, 단백질의 부분활성을 가진다. 단백질의 변화가 없으며, 동일한 코돈을 생산하는 침묵돌연변이가 있다. 또한, 기능손실돌연변이는 유전자의 활성이 감소되거나 제거되며 종종 열성형질로 되기도 한다(그림 8-4). 기능획득 돌연변이는 정상적인 유전자의 활성을 증가시키는 돌연변이로, 종종 우성형질로 된다. 중립 돌연변이는 유전자 산물에 영향을 미치지 않는 돌연변이이며, 가시적 돌연변이는 형태적 특징에 영향을 미쳐 관찰이 가능한 형질을 만드는 것이다. 영양성 돌연변이는 특정 아미노산이나 비타민을 합성하지 못하는 것을 의미한다. 생화학적 돌연변이는 생화학적 변화로 인해 개체의 생존이나 건강에 영향을 미친다. 행동 돌연변이는 동물의 행동 패턴에 영향을 미쳐 달라지게 한다. 조절 돌연변이는 유전자 발현 조절에 영향을 미치는 돌연변이이다. 치사성 돌연변이는 생존에 필수적인 과정이 방해를 받는 것이며, 조건적 돌연변이는 환경조건에 따라 영향이 나타나거나 나타나지 않는 돌연변이를 말한다.

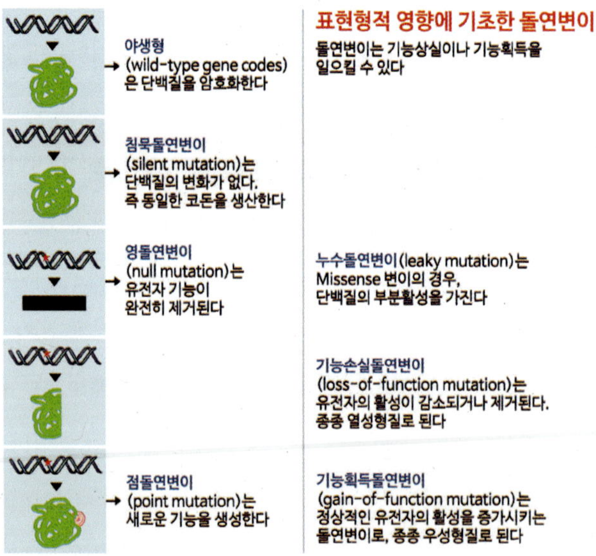

그림 8-4 돌연변이로 인한 유전자 기능의 변화

조절부위 돌연변이는 연속적으로 연결된 DNA에 영향을 미치며, 대립 유전자1에서는 어떤 RNA도 합성이 되지 않으며, 대립 유전자2에서 RNA합성이 계속 일어난다. 활성 단백질은 양쪽 대립유전자에 작용한다. 돌연변이 단백질은 어떤 대립인자와도 결합할 수 없다. 즉, 단백질의 트란스-작용 돌연변이는 돌연변이단백질에 의해 조절 받는 유전자의

양쪽 대립유전자에 영향을 미친다. 돌연변이의 주원인은 미스센스와 넌센스이다. 이들이 58%를 차지하고, 스플라이싱 이벤트가 10%을 차지한다. 그리하여 침묵돌연변이가 과오 돌연변이보다 많이 일어나는데, 이러한 이유는 갑작스러운 염기의 변화가 아미노산까지 변화를 일으키는 행위가 많이 일어나기 때문이다.

자연 발생적 돌연변이란?

자연 발생적 돌연변이에 대하여 알아보자. 자연돌연변이율은 유도된 돌연변이의 정도를 측정할 수 있는 기준선을 의미한다. 이의 특징은 매우 드물게 발생되며, 생물마다 다양하게 나타나며, 동일 종 내에서도 유전자마다 다른 빈도를 보이고 있다는 점이 있다. 이러한 자연발생적 돌연변이가 일어나는 원인은 복제의 실수를 수리하는 효소의 문제라 생각할 수 있다. 복제오류의 원인 몇 가지를 살펴보도록 하자. DNA중합효소의 실수로 잘못된 염기가 내재되어 들어오면 생물 개체의 생존과 직결될 수 있다. 이에 교정 시스템이 작동하는데, 이 교정 기능이 있음에도 실수가 생기기도 한다. 이러한 실수는 생물개체에 심각한 오류를 일으키지 않는다면 잔존할 수 있다. 또한, 주형 DNA 한 가닥이 고리를 형성하여 복제 위치를 이탈하는 경우가 있다. 이는 DNA 중합효소가 미끄러져 복제를 진행하며, 새로운 가닥에 작은 결실들이 생긴다. 또한, DNA 중합효소가 주형가닥에 없는 뉴클레오티드를 도입한다. 결과로는 삽입이나 결실을 유발한다. 이러한 현상은 반복서열에서 자주 발생되는 현상이다. 복제 시, 미끄러지는 이러한 현상은 돌연변이의 핫스팟이다. 결국 우리의 유전체 내에 반복서열이 얼마나 많은가를 알 수 있다. 자연발생적 돌연변이의 또 다른 하나는 호변변화이다. 분자 내의 한 원자만 바뀐 상호변환 상태의 구조를 호변체라 한다. 그러면 DNA분자 내 염기들이 호변변화가 일어날 때 염기쌍 형성에 영향을 미칠 수 있다. 즉, 이것이 돌연변이 발생 원인이 되는 것이다. 표준 염기쌍 배열에서는 티민-아데닌이 수소 이중결합을 이루고, 시토신이 구아닌과 수소 삼중결합을 이룬다. 하지만 비정상 염기쌍 배열에서는 티민이 구아닌과 수소 삼중결합을 이루며, 시토신이 아데닌과 수소 이중결합을 이룬다. DNA의 손상으로 탈 퓨린화, 탈 아민화 또한 돌연변이의 원인이다. 비퓨린성 부위는 이중나선 DNA 분자내의 A또는 G의 염기만이 떨어진 상태로 번역시 암호 변경, 복제시 멈춤이나 부적당한 염기의 삽입으로 돌연변이 발생이 가능하다. 탈아민화에서는 시토신과 아데닌에서 하나의 아미노 그룹이 케토 그룹으로 바뀐다. 이에 서로 다른 염기와 쌍이 형성되는 것이다. 이동성유전인자들이 유전자 내부로 삽입되어 정상적인 암호화 서열을 망가뜨린다. 이에 자연발생적으로 돌연변이를 야기 시킨다.

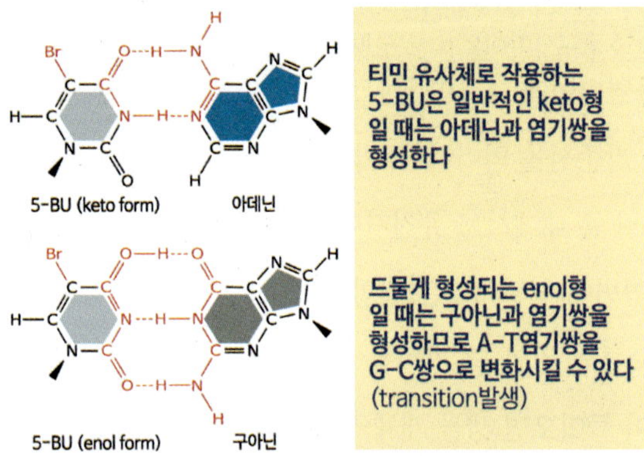

그림 8-5 유도 돌연변이로 인한 염기쌍 형성

무엇이 유도 돌연변이를 야기 시키는 것일까? 여기에는 핵산 합성 시에 피리미딘이나 퓨린을 대체함으로써 돌연변이를 일으키는 화학물질인 염기 유사체가 있다. 대표적으로는 브롬화우라실이 있으며, 우라실의 5번 탄소에 할로겐화가 이루어져 있다. 이는 티민 유사체로 작용하며 호변변환이 가능하다. 티민 유사체로 작용하는 5-BU은 일반적인 케토형일 때는 아데닌과 염기쌍을 형성한다. 드물게 형성되는 에놀형일 때는 구아닌과 염기쌍을 형성하므로 A-T염기쌍을 G-C쌍으로 변화시킬 수 있다(그림 8-5). 알킬화제에 의해서도 유도 돌연변이가 유발되는데, 6-에틸구아닌의 6번 탄소가 알킬화된 물질로 아데닌 유사체로 작용하여 티민과 염기쌍을 형성한다. 아크리딘 염료는 격자이동 돌연변이를 유발시키며, 프로플라빈인 아크리딘 오렌지 염기쌍들의 크기와 비슷하여 DNA의 이중나선 사이에 끼어들어 구조를 찌그러뜨림으로써 결실이나 염기결실이나 삽입을 유발한다. 또한, DNA 복제나 재조합시 생긴 DNA의 빈틈에서 격자이동 돌연변이가 생기기 쉽고 아크리딘 계열의 염료들은 이러한 엇갈린 구조물의 형성을 돕는다. 자외선은 가시광선보다 짧은 파장의 전자기 스펙트럼의 구성분들로 에너지가 높아 생물체에 파괴적 영향을 미친다. 이에 자외선의 효과로는 피리미딘 이합제의 형성과 DNA형대를 왜곡시켜 정상적 복제를 방해하고, 광범위하게 적용하여 살균의 목적으로 사용된다. 자외선에 의한 티민 이합체가 발생하면 암을 유발한다. 이 때문에 실생활에서는 여름에 썬크림을 발라 피부암을 방지하려는 행위가 일어난다. 이온화 방사선은 X-ray, r-ray, cosmic ray 등은 짧은 파장으로 조직 깊숙이 침투하여 분자들의 이온화를 유발한다. 이온화 방사선 자체가 DNA의 퓨린과 피리미딘을 변화시키고 인산 에스테르 결합을 파괴할 수 있다.

인간의 질병과 돌연변이의 양면성

돌연변이와 함께하는 인간의 질병에 대해 알아보자. 그 예로는 근육이 퇴화되고, 근병증, 사망을 부르는 근이영양증이 있다. X염색체와 연관된 열성 질환이며 빈도는 남아 출생의 약 1/3500 정도 이다. 유전자 산물은 디스트로핀 1.4kb의 RNA에서 3685개의 아미노산으로 번역된다. 종류에는 듀헤너 근이영양증인 DMD 와 베커 근이영양증인 BMD가 있다. 듀헤너 근이영양증은 해독 틀 돌연변이로 야기 되었다는 연구결과들이 나오고 있다. 이에 프레임쉬프트 현상을 잘 활용하면 질병을 해결하는 방안이 나올 것이라 기대되는 바이다. 취약 X증후군은 FMR-1 유전자의 5'-비번역 부위에 CGGG로 이루어진 서열을 수백~수천 번 반복적으로 포함한다. 이러한 반복을 55번 이상 지닐 때는 자손에서 이상을 초래할 수 도 있다. 헌팅턴 질병은 HD유전자 내에 CAG 서열 반복에 의해 단백질 내에 폴리글루타민 부위가 생성되어 치명적인 신경 퇴행성 질환을 일으킨다. 반복 횟수가 증가 할 수 록 질병의 발병시기가 빨라진다. 근 경직성 이영양증은 MDPK 유전자의 3'말단의 비번역 부위내의 CTG서열 반복으로 150회 이상 반복되면 발병된다.

겸상적혈구빈혈증은 적혈구를 암호화 하는 DNA 서열 변이가 일어나 적혈구의 모양이 낫 모양으로 변형되는 질병으로 적혈구의 변형에 의해 산소와의 결합력이 감소하게 된다. 글루탐산이 점 돌연변이에 의해 발린으로 변하여 일어나는데, 이러한 돌연변이는 염기의 변화가 아미노산 사슬의 변이를 일으키는 과오 돌연변이이다. 즉, 겸상 적혈구 빈혈증은 과오 돌연변이의 예라 할 수 있다(그림 8-6). 이러한 적혈구 빈혈증은 주로 조상이 아프리카나 지중해 연안에 존재했던 자손들로부터 나타난다. 이러한 겸상 적혈구 빈혈증 현상을 유발하는 대립유전자를 지닌 이는 말라리아에 걸리지 않는다. 원반모양의 정상 적혈구는 말라리아에 감염되면, 적혈구 표면이 끈적해지며 서로 엉겨붙고 모세혈관에 염증이 발생한다. 그러나, 겸상 적혈구 빈혈증의 적혈구는 이러한 현상이 일어나지 않는다. 이러한 돌연변이 단백질로 새로운 형질이 탄생하고, 후손의 다양성이 증가한다는 것에 유의하자.

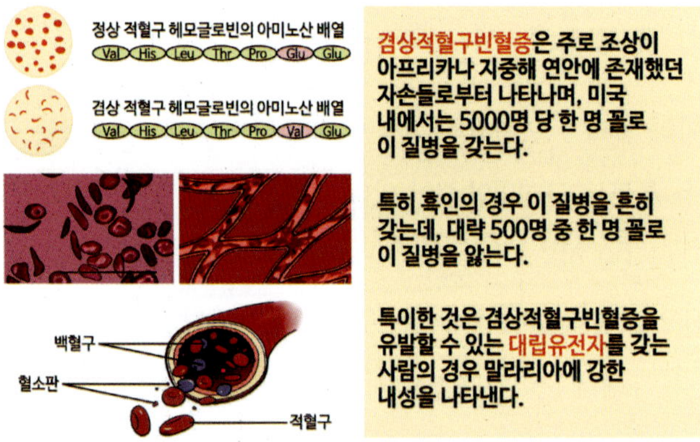

그림 8-6 겸상적혈구빈혈증의 분자적 원인과 말라리아 내성

또 다른 질병들인 에이즈, 당뇨, 암에 대해 살펴보자. CCR5 delta 32라는 돌연변이 유전자는 흑사병 바이러스, 에이즈바이러스에 감염되지 않는다. 또한, 왜소증 증상이 있는 사람들은 암과 당뇨병에 걸리지 않는다고 한다. 에이즈에 감염되면 우리 몸의 면역세포들이 파괴되어 각종 질병에 걸려 사망하게 된다. 이러한 에이즈에 걸리지 않는 것은 백혈구 표면에 돌연변이가 일어난 사람들이다. 앞서 말한 CCR5가 수용체와 결합되어 병이 생기는데, 여기에 돌연변이가 생기면 수용체와 결합되지 않아 에이즈에 걸리지 않는 것이다. 즉, 바이러스가 몸에 침투해도 결합할 세포를 찾지 못하게 되는 것이다. 이는 전세계 적

으로 1%의 인구가 지니고 있다. 이러한 현상이 다른 인종에게는 드물지만 유럽 백인들에게는 많다. 이에 대해서는 흑사병에 대한 영향이라고 생각하는 가설이 있다. 이 외에도 라론 증후군이라는 왜소증을 지닌 이들은 암에 대해 특별한 저항력을 지니고 있다. 뿐만 아니라, 당뇨병에 걸리지 않는다. 이러한 예시들을 본 결과, 질병의 원인이 되는 돌연변이가 질병을 차단하는 역할을 할 수 도 있다는 것을 느낄 수 있다.

텔로미어는 노화 될수록 짧아지는데, 암세포는 텔로미어가 짧아지지 않는다. 이는 불로장생과 관련 있다고 생각이 되는데, 암과 관련된 텔로미어의 비밀을 살펴보도록 하자. 우리 몸에서는 매일 800억개의 세포가 사라지고 만들어진다. 여기에는 30억개의 염기쌍이 제대로 복사되어야 하는데, 종종 문제가 발생해도 대부분 수정이 된다. 그러나 종종 수정되지 않는 손상도 있다. 평균 4천개의 세포에 큰 이상이 생기면 이를 암세포라 한다. 이에는 돌연변이가 주요 원인이다. 보통 1만개 이하의 암세포는 인체의 면역세포가 막아내는데, 백만개 일시 전이가 일어나고, 십억 개 일시 종양이 만들어지고, 일조개가 되면 사망에 이른다. 이러한 암에 대해 앞서 언급했듯이 라론 증후군은 걸리지 않는다. 왜 그럴까? 뇌하수체에서 성장호르몬이 분비되고 이는 간으로 전달된다. 간에서는 수용체와 결합해 IGF1을 생성한다. 이는 세포로 전달되어 몸을 성장시킨다. 그런데 라론 증후군의 환자들은 성장호르몬과 간의 수용체 사이에 결합이 이루어 지지 않는다 결국, IGF1의 분비량이 적고, 키가 잘 자라지 않는다. 이 IGF1의 수치와 암의 발병률은 비례관계를 보인다. IGF1의 수치가 높으면 세포자멸사가 원활하지 않아 악성 세포가 확산되기 때문이다. 모든 정상세포는 태어나며 텔로미어의 길이가 정해져 있다. 노화 진행 시 점점 짧아지는데, 세포는 텔로미어의 길이에 따라 일정 횟수 분열하고 사멸하는 것이 정상이다. 그런데, 어떤 원인에 의해 텔로미어가 고장 나면 암세포가 된다. 암세포는 점점 진화하고, 새로운 돌연변이를 일으켜 증식하기도 한다. 그런데 라론증후군의 환자는 돌연변이로 인해 암으로부터 자유롭다. 또한, 염색체 13번에 위치하는 BRCA2와 염색체 17번에 위치하는 BRCA1은 암과 관련 있다. 여기에는 무의미 돌연변이, 프레임쉬프트, 과오 돌연변이, 스플라이싱 이벤트가 많이 일어나 있다. 즉, 돌연변이는 양면성을 지니고 있는 셈이다.

학습 요약 정리

1. 돌연변이는 유전물질인 DNA가 갑자기 변화하고 자손에게 전달되는 일

2. 염색체 돌연변이에는 염색체 수의 변화와 구조의 변화가 있는데, 염색체 수의 변화에는 배수성, 이수성 변화가 있고, 염색체 구조의 변화에는 결실, 중복, 역위, 전좌가 있음

3. 유전자 돌연변이에 있어서는 전이(transition mutation), 전환(transversion mutation), 과오(missense mutation), 무의미(nonsense mutation)가 있음

4. 돌연변이의 중요성은 표현형적 다양성, 환경 변화에 대한 적응, 진화 기구를 제공

5. 자연발생적 돌연변이율은 생물마다 다양하며 같은 생물에서도 유전자마다 매우 다를 수 있음

6. 여러 화학물질이나, 방사선에 의해 유발, DNA의 염기나, 당-인산 골격에 손상을 줄 수 있음

7. 심각한 형태의 근이영양증은 디스트로핀 유전자의 결실이나 중복에 의한 것임

8. 유전자의 반복횟수 돌연변이는 취약X증후군, 근경직성 이영양증, 헌팅턴병 등의 인간 질병을 유발함

9 유전자 발현 조절

원핵생물의 유전자 구성

원핵생물에서 유전자 구성에 대해 알아보자. 원핵생물의 유전자 구성은 연관된 기능을 가지는 유전자들이 하나의 조절단위에 의해 통합된 유전적 조절을 받는 구조로 이루어져 있다. 즉, 오페론으로 구성되어 있다. 젖당 오페론의 구조 유전자들은 조절 영역, 구조 유전자들로 이루어져 있다. 젖당 오페론에서 전사된 한 분자의 mRNA는 세 종류의 단백질로 번역된다. 세 구조 유전자중 베타-갈락토시다아제 유전자의 산물인 젖당 분해 효소는 오페론의 발현 여부와 정도를 측정하는 주요 지표로 사용된다. 대장균의 대사는 젖당 존재 시에 젖당 대사효소의 농도가 빠르게 증가하여 유도적 체제가 된다(그림 9-1). 여기서 유도자는 젖당이라 할 수 있다. Cis-acting element는 발현 유전자군의 상류에 존재하는 조절성 DNA부위이다. Trans-acting element는 Cis-acting element에 부착하여 유전자 발현에 영향을 미치는 분자들이다. 락토스 오페론은 유전자군 전체가 젖당의 존재 유무에 대한 빠르게 반응하도록 통합된 형태로 조절되는 유도성 오페론을 지칭한다. 락 오페론의 구조적 유전자가 전사되어 번역되면 베타-갈락토시다아제가 생산이 되고, 젖당이 분해된다. 이러한 젖당 오페론은 제이콥과 모노드가 최초로 제시 하였다. 제이콥과 모노드의 오페론 모델은 락 오페론의 구성이 Z, Y, A 세 구조 유전자와 조절 단위로 작용하는 작동부위로 구성되어있다. lac I 유전자 산물인 억제물질 존재 알로스테릭하여 젖당 유무에 따라 활성이 달라진다. 억제 물질이 락 오페론의 작동부위와 상호작용하며, 억제물질이 작동부위와 상호작용시 RNA 중합효소의 활동이 억제된다. 작동부위와 억제부위에 돌연변이가 생기면, 돌연변이의 분자적 상호작용 방해로 구조유전자의 지속적 전사가 발생하기도 한다(그림 9-2).

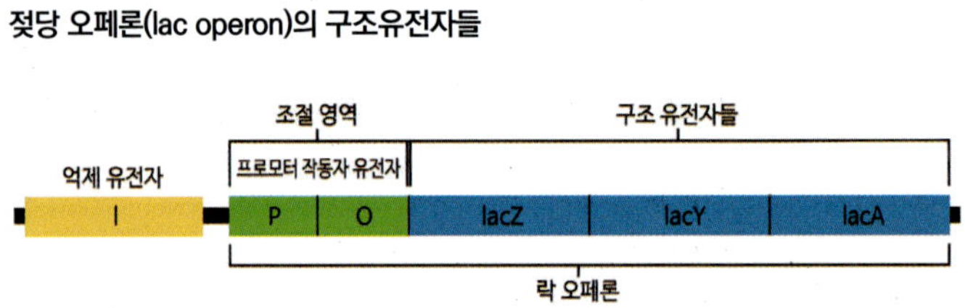

그림 9-1 젖당 오페론 : 전사된 한 분자의 mRNA는 세 종류의 단백질로 번역된다. 세 구조 유전자중 베타-갈락토시다아제 유전자의 산물인 젖당 분해 효소는 오페론의 발현 여부와 정도를 측정하는 주요 지표로 사용된다.

오페론의 조절

락 오페론과 조절분자들은 어떻게 조절될까?

젖당이 없을 시, 락 오페론 조절은 억제 된다. 억제자가 작동부위에 접합하여 전사를 억제한다. 이에 전사가 불가능해지고, 효소 생산이 일어나지 않는다. 반대로 젖당이 존재하면 락토오스가 결합하여 작동자 결합 부위가 변화한다. 이에 억제자는 작동자에 결합하지 않는다. 즉, 전사가 일어나 mRNA가 생성되고 번역되어 효소가 생산된다. 락 오페론의 조절 돌연변이에서는 비정상적인 억제물질이 나옴으로 작동자에 결합하지 못하여서 지속적 발현이 된다(그림 9-3; 9-4). 또 다른 돌연변이의 경우는 비정상적 작동자 서열로 인해 억제자가 작동자에 결합하지 못하여서 지속적 발현이 된다. 따라서 락 오페론의 조절자 돌연변이나 작동자의 돌연변이에 의해 지속적 발현이 유도된다. 오페론 모델에 의해 제시되는 예측에는 I유전자는 확산 가능한 세포내 산물을 생산하며, O

부위는 조절에 관여하고 유전자 산물을 만들지는 않는다. 또한, O부위는 전사조절을 위해 구조 유전자들과 근접해 있다(그림 9-5; 9-6).

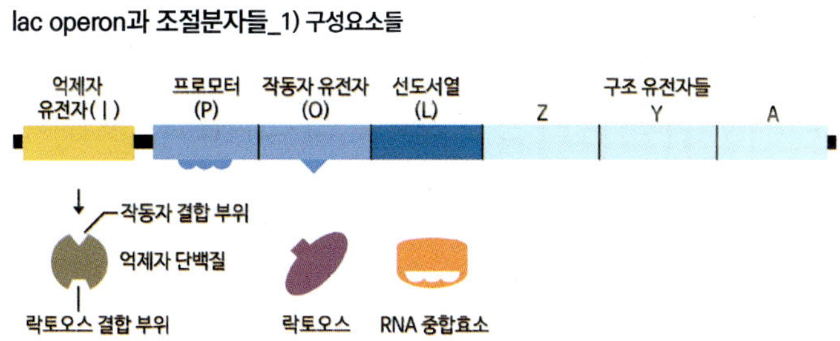

그림 9-2 락 오페론의 구성요소 : 억제자 유전자, 프로모터, 작동자 유전자, 구조 유전자

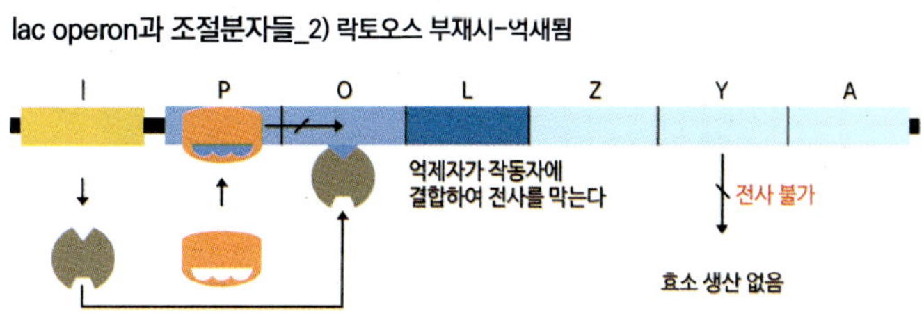

그림 9-3 젖당이 없을 시, 락 오페론 조절은 억제 된다. 억제자가 작동부위에 접합하여 전사를 억제한다. 이에 전사가 불가능해지고, 효소 생산이 일어나지 않는다.

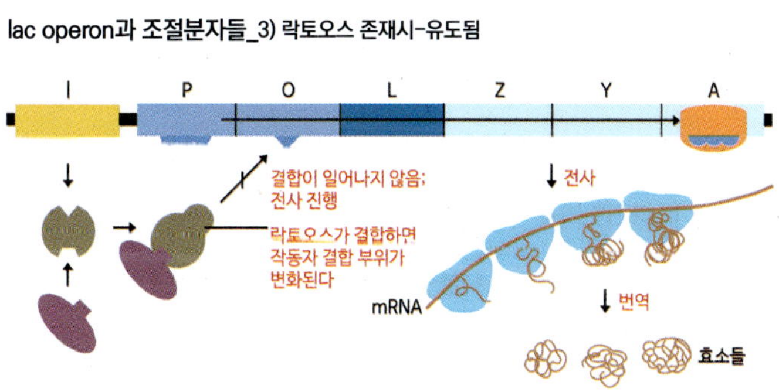

그림 9-4 젖당이 존재하면 락토오스가 결합하여 작동자 결합 부위가 변화한다. 이에 억제자는 작동자에 결합하지 않는다. 즉, 전사가 일어나 mRNA가 생성되고 번역되어 효소가 생산된다.

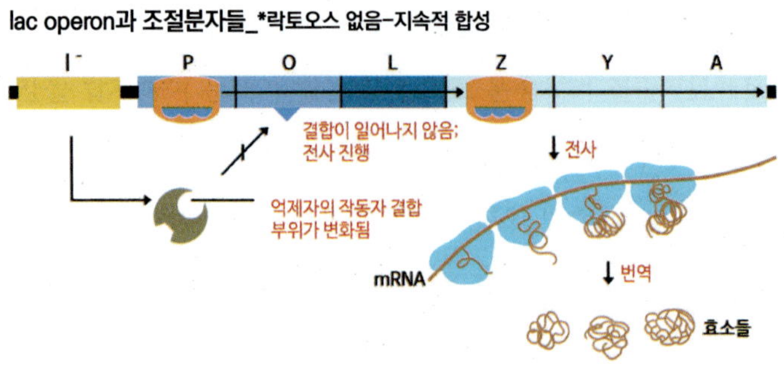

그림 9-5 락 오페론의 조절 돌연변이에서는 비정상적인 억제물질이 나옴으로 작동자에 결합하지 못하여서 지속적 발현이 된다.

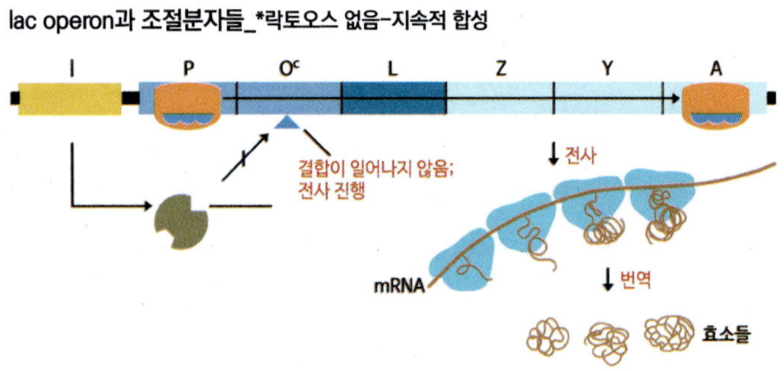

그림 9-6 비정상적 작동자 서열로 인해 억제자가 작동자에 결합하지 못하여서 지속적 발현이 된다.

대장균의 트립토판 대사에 대해 알아보자. 정상적 불활성 억제자의 존재는 트립토판과 협동하여 작동자 부위에 결합함으로서 트립토판 생합성에 관여하는 효소들의 유전자 발현을 억제한다. 이때 공동억제물질인 트립토판이 분배되고 음의 조절로 조절 복합체가 전사를 억제한다. trp operon은 조절부위와 5개의 구조 유전자들로 되어있다. 트립토판 오페론의 구성과 작동요소들을 살펴보자. 트립토판 오페론은 조절영역과 구조 유전자들로 구성되어있다. 조절영역은 프로모터, 작동자, 선도서열, 감쇠자로 이루어져 있다. 트립토판 억제자 유전자는 락오페론의 억제 유전자보다는 좀 더 멀리 떨어져 위치한다. 또한, 조절부위가 더 복잡하다. 5개의 구조 유전자가 있다(그림 9-7).

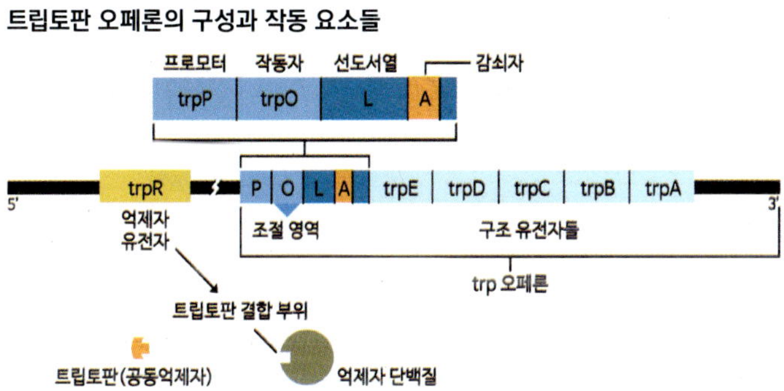

그림 9-7 트립토판 오페론 : 조절영역과 구조유전자들로 구성되어있다. 조절영역은 프로모터, 작동자, 선도서열, 감쇠자로 이루어져 있다. 또한, 5개의 구조 유전자가 있다.

트립토판 유무에 따른 트립토판 오페론의 발현 양상을 알아보자. 트립토판이 없을 때는 억제분자 혼자서는 작동자 부위에 결합하지 못해 전사가 진행된다. 그러나 트립토판이 있을 때에는 억제자 트립토판과 결합하여 다른 자리 입체싱 변화를 일으킨다. 억제분자와 트립토판 복합체가 작동자에 결합할 수 있으며, 전사가 억제된다. 결론적으로 트립토판이 없을 경우에 전사가 진행되며, 트립토판이 있을 시에는 전사가 억제된다(그림 9-8).

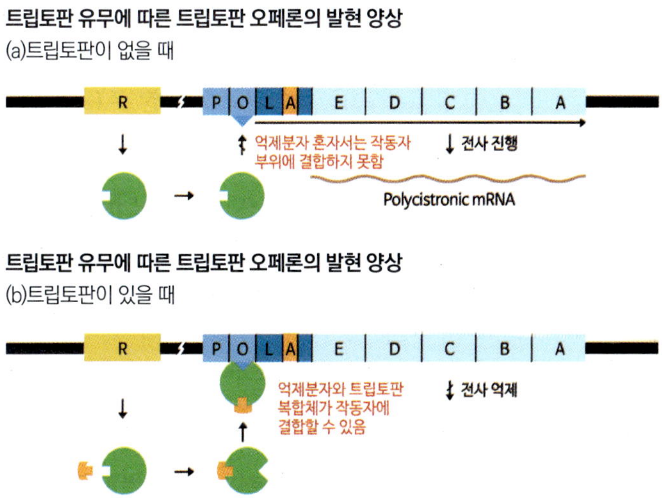

그림 9-8 트립토판이 없을 때는 억제분자 혼자서는 작동자 부위에 결합하지 못해 전사가 진행된다. 트립토판이 있을 때는 억제자 트립토판과 결합하여 다른 자리 입체성 변화를 일으킨다. 억제분자와 트립토판 복합체가 작동자에 결합할 수 있으며, 전사가 억제된다.

트립토판 오페론의 조절에는 트립토판이 존재해 트립토판 오페론이 억제되는 경우라도 오페론의 리더 서열에서 전사개시가 통상적으로 계속 발생한다. 트립토판이 고농도로 존재하는 경우 오페론의 리더 서열까지만 전사되고 유전자의 전사는 조기 종결된다. 트립토판 자체의 조절 외에도 조절요소가 존재한다. 이는 감쇠현상이 연관되어있다. 전사와 번역이 동일공간에서 발생하는 것이 전제된 조절 양상이다. 이에 감쇠자는 리더 서열로 진입하는 115- 140nt 영역을 말한다. trp오페론 내 리더 서열과 감쇠자에 대해 알아보자.

trp오페론의 리더영역에서는 세포질에 트립토판이 존재해도 오페론의 일상적인 전사가 시작된다. trp 리더 서열 mRNA의 트립토판 코돈은 세포질에 트립토파닐-tRNA가 다량 있을 경우 이 부분의 요구(번역시 trp을 가져오라)는 쉽게 충족되고 리보솜은 이 부분을 빨리 지나갈 것이다. trp오페론 내 리더 서열과 감쇠자의 역할에서는 trp리더 서열에는 2개의 줄기-고리를 형성할 수 있는 부분이 존재한다(그림 9-9). 전사 종결자의 형성과 RNA에서 형성되는 이러한 구조는 전사중인 RNA 중합효소의 전사 중단에 매우 중요하다. 2-3 영역에서 상보적 결합이 발생하면 전사 종결자 구조가 형성되지 않는다. 이를 항종결자 구조라 일컫는다. trp오페론 내 리더 서열과 감쇠자의 역할에서는 오페론의 전사가 시작되어 리더 서열을 포함한 mRNA가 만들어지면 곧 리보솜에 의한 번역이 시작될 수 있다. 리보솜의 위치는 어떠한 줄기-고리 구조가 형성될지를 결정한다. 충전된 tRNA가 존재할 시, 리보솜이 1-2부분을 지나고 2-3 줄기 고리 형성을 방해한다. 이에 전사가 종결된다. 충전된 tRNA가 부족할 시, 리보솜이 트립토판 코돈에 머무르고, 2-3 줄기-고리구조가 형성된다. 리보솜이 트립토판 코돈들에서 머무르게 2-3의 고리 구조가 형성되고 전사 종결자 구조가 만들어 지지 않는다. 이에 전사가 진행된다. 즉, 세포질에 트립토판이 많으면 전사가 시작되어도 곧 멈춘다는 것이다(그림 9-10).

trp 오페론 내 리더 서열과 감쇠자

_감쇠자(attenuator): 리터 서열로 진입하는 115~140nt 영역

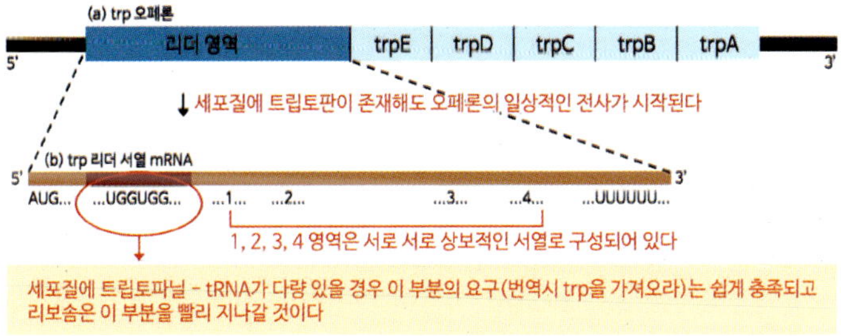

그림 9-9 trp오페론 내 리더 서열과 감쇠자 : trp오페론의 리더영역에서는 세포질에 트립토판이 존재해도 오페론의 일상적인 전사가 시작된다. trp 리더 서열 mRNA의 트립토판 코돈은 세포질에 트립토파닐-tRNA가 다량 있을 경우 이 부분의 요구(번역시 trp을 가져오라)는 쉽게 충족되고 리보솜은 이 부분을 빨리 지나갈 것이다.

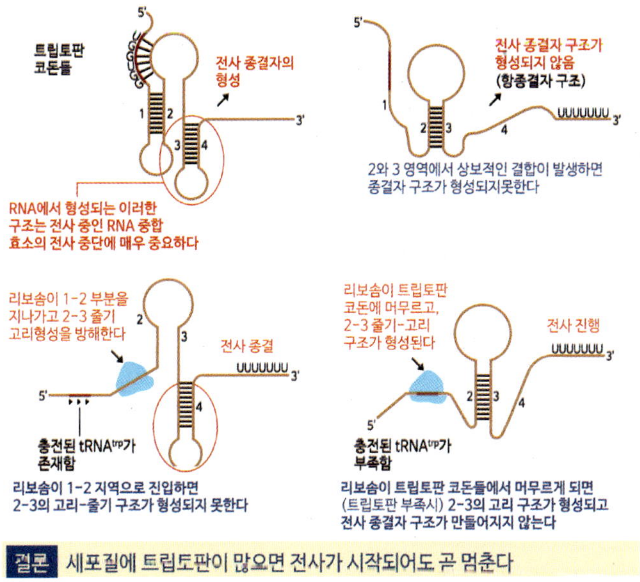

그림 9-10 trp오페론 내 리더 서열과 감쇠자 : trp오페론 내 리더 서열과 감쇠자의 역할에서는 trp리더 서열에는 2개의 줄기-고리를 형성할 수 있는 부분이 존재한다. 전사 종결자의 형성과 RNA에서 형성되는 이러한 구조는 전사중인 RNA 중합효소의 전사 중단에 매우 중요하다. 2-3 영역에서 상보적 결합이 발생하면 전사 종결자 구조가 형성되지 않는다. 이를 항종결자 구조라 일컫는다. trp오페론 내 리더 서열과 감쇠자의 역할에서는 오페론의 전사가 시작되어 리더 서열을 포함한 mRNA가 만들어지면 곧 리보솜에 의한 번역이 시작될 수 있다. 리보솜의 위치는 어떠한 줄기-고리 구조가 형성될 지를 결정한다. 충전된 tRNA가 존재할 시, 리보솜이 1-2부분을 지나고 2-3 줄기 고리 형성을 방해한다. 이에 전사가 종결된다. 충전된 tRNA가 부족할 시, 리보솜이 트립토판 코돈에 머무르고, 2-3 줄기-고리구조가 형성된다. 리보솜이 트립토판 코돈들에서 머무르게 2-3의 고리 구조가 형성되고 전사 종결자 구조가 만들어 지지 않는다. 이에 전사가 진행된다.

학습 요약 정리

1. 원핵생물의 유전자 구성은 연관된 기능을 가지는 유전자들이 하나의 조절단위에 의해 통합된 유전적 조절을 받는 구조로 오페론으로 구성되어 있음

2. 젖당이 없을 시, 락 오페론 조절은 억제 됨. 억제자가 작동부위에 접합하여 전사를 억제함. 이에 전사가 불가능해지고, 효소 생산이 일어나지 않음. 반대로 젖당이 존재하면 락토오스가 결합하여 작동자 결합 부위가 변화 함

3. 대장균의 트립토판 합성은 오페론 단위로 전사되는 효소에 의해 이루어지며 이 오페론은 억제적으로 조절됨

4. 감쇠라고 알려진 추가적 조절 단계는 trp오페론의 조절 기구를 보완하며 mRNA에 생기는 머리핀 구조에 의존적임

진핵생물의 유전자 발현조절

진핵생물에서 유전자 발현조절에 대해 학습해 보자. 다량의 유전정보와 히스톤 및 다른 단백질들과의 복합체 구성, 하나 이상의 염색체들로 구성되어 있으며 전사와 번역이 시간, 공간적으로 분리되어 있다. 또한 초기 전사체들의 공정이 필요하며 mRNA의 반감기가 길다. 유전자 발현 조절에 영향을 미치는 인자에는 크로마틴의 상태와 조절인자가 있다. 조절인자에는 프로모터, 인핸서, 사일런서, 인슈레이터, 전사인자, 전사활성인자 등이 있다(그림 9-11).

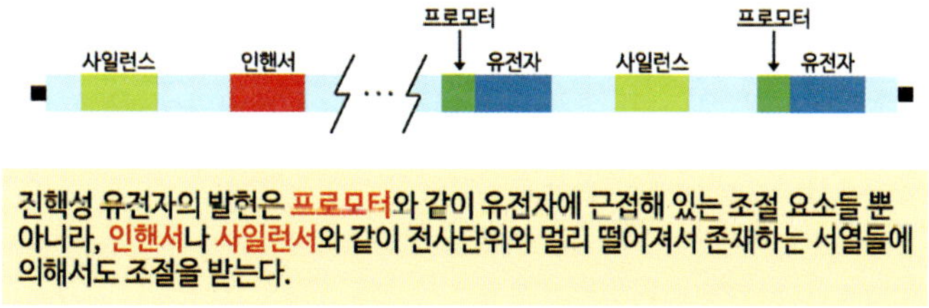

그림 9-11 유전자 발현 조절에 주요한 프로모터, 인핸서, 사일런서와 유전자와의 관계

유전자 발현 중에 발생할 수 있는 여러 수준의 조절단계에는 전사조절, 스플라이싱과 공정과정 조절, 이동조절, mRNA의 분해, 번역 조절, 단백질 변형이 있다. 진핵세포에서의 조절 단계는 원핵세포에서 일어날 수 있는 조절보다 훨씬 많고 복잡하다. 크로마틴의 뉴클레오좀 구성은 전사나 DNA복제 및 수리 등의 과정을 방해하는 크로마틴의 재구성, 크로마틴을 구성하고 있는 히스톤의 변형이 있다. 히스톤 아세틸 전이효소에 의한 히스톤 아세틸화는 히스톤과 DNA사이의 인력을 감소시킨다. 이외에도 DNA의 메틸화로 DNA의 염기(주로 C)나 당에 메틸기 첨가로 고도의 메틸화를 이루어 유전자 발현 억제와 관련이 있다. ATP-가수분해 의존성 크로마틴 리모델링의 기작에는 크로마틴 리모델러에 의한 DNA-단백질 접촉의 변화로 미끄러짐에 의해 DNA가 노출되며, DNA 경로의 변화에 의해 DNA가 뉴클레오좀에서 떨어진다. 또한, 크로마틴 리모델러에 의한 뉴클레오좀 핵심 입자의 변화로 뉴클레오좀 이합체가 형성된다.

진핵생물의 유전자 발현에서 중요한 프로모터는 전사 기구들이 인식하는 자리로

RNA 중합효소가 결합할 지점을 인식하도록 작용하는 시스 활성 DNA서열로 전사 개시에 필수적이다. 핵심프로모터 TATA box는 25-30bp영역이고 CAAT box는 70-80bp 영역이며 GC box는 -110bp영역이다. GC box에는 SP1 유전자가 주로 결합한다. 인핸서는 프로모터 외에 유전자의 전사량을 증가시키는 DNA서열로 조직과 시기 특이적 조절이 가능하다. 위치는 고정되어 있지 않으며 목표 유전자로부터 상당한 거리에 존재하는 경우도 많다. 방향이 바뀌어도 활성을 나타내며 이동시 주변 유전자의 전사에 영향을 미친다. 이에 인핸서는 프로모터의 앞이나 뒤에 방향과 거리에 상관없이 프로모터에 영향을 미친다. 사일런서는 전사 개시 수준을 억제하여 조직과 시기에 특이적으로 유전자 발현 조절한다. 진핵생물에서 유전자 발현조절은 프로모터와 같이 유전자에 위치해 있는 조절 요소들 뿐 아니라, 인핸서나 사일런서와 같이 전사단위와 멀리 떨어져서 존재하는 서열들에 의해서 조절을 받는다(그림 9-12).

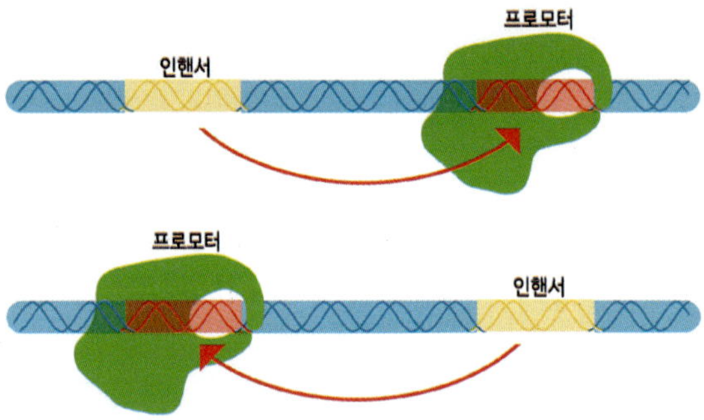

그림 9-12 인핸서는 프로모터의 앞이나 뒤에 방향과 거리에 상관없이 프로모터에 영향을 미친다. 인핸서는 유전자의 전사량을 증가시키는 DNA서열로 조직과 시기 특이적 조절이 가능하다. 위치는 고정되어 있지 않으며 목표 유전자로 부터 상당한 거리에 존재하는 경우도 많다. 방향이 바뀌어도 활성을 나타내며 이동시 주변 유전자의 전사에 영향을 미친다.

전사활성인자의 기본적인 기능은 인핸서의 특이 DNA배열을 인식하고 결합하여 전사를 활성화하는 것이다(그림 9-13). 또한 진핵생물의 유전자 발현에 있어서 조직 특이적으로 유전자 발현을 조절할 경우, 인핸서의 특이적 인자가 결합하게 된다. 일반적인 경우에는 TATA box에 전사인자가 결합한다. 그러나 조직 특이적 유전자를 조절하는 데에는 인핸서에 특이적 인자가 결합된다.

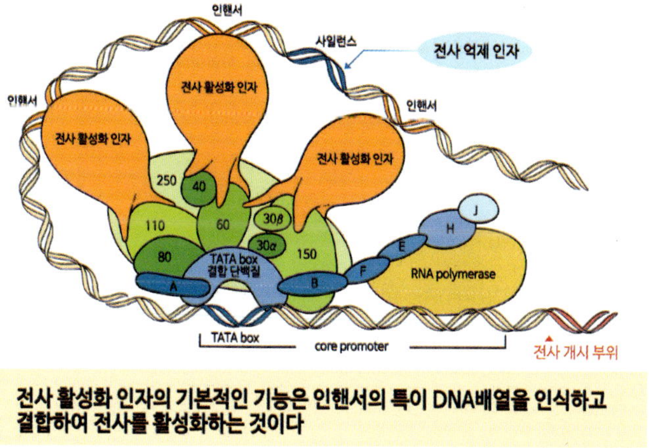

그림 9-13 전사활성화인자가 인핸서와 TAF(TATA box 결합 단백질과 연결된 인자)를 연결하여 유전자의 전사를 조절한다.

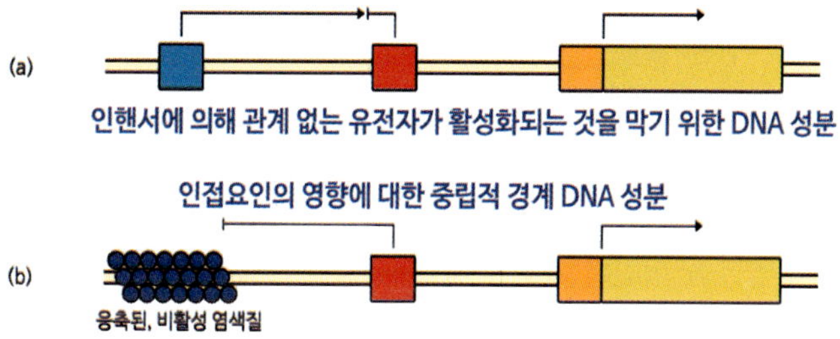

그림 9-14 인슈레이터는 인핸서에 의해 관계없는 유전자가 활성화되는 것을 막기 위한 DNA성분이다.

인슈레이터는 인핸서에 의해 관계없는 유전자가 활성화되는 것을 막기 위한 DNA성분으로 인접요인의 영향에 대한 중립적 경계 DNA성분이다(그림 9-14). 인슈레이터는 CCCTC로 구성되어있다. 여기에 결합하는 인자를 CTCF라 한다. 이 CTCF는 11개의 징크 핑거로 구성되어있으며 이것의 존재로 인슈레이터의 여부를 알 수 있다.

초기 배아에서 부계와 모계의 대립형질이 서로 다른 특성을 가지고 있는 정자나 난자를 통해 전달되는 동안 유전자 발현의 변화가 일어나는데 그 이유는 DNA메틸화이다. 즉 생식세포에서 메틸화의 차이로 인한 부모로부터 유전되는 대립유전자의 간의 발현 변화를 임프린팅(imprinting, 각인)이라 한다. 예를 들면, 아버지로부터 유전되는 인슐린-

유사 성장 인자(Igf2)의 대립유전자는 발현되지만, 어머니로부터 유전된 대립유전자는 발현되지 않는다. 난자의 Igf2유전자는 메틸화되어 있지만, 전자의 Igf2유전자는 메틸화되지 않는다. 즉, 임프린팅의 전형적인 패턴은 메틸화된 유전자가 불활성화 되는 것이다.

임프린팅 여부는 유전자 또는 유전자 주변의 시스 작용 부위의 메틸화 상태에 의해 결정된다. 이들 조절 부위를 DMD(differentially methylated domain) 또는 ICR(Imprinting control region)로 알려져 있다. 두 개의 유전자 Igf2와 H19의 경우를 가지고 설명할 수 있다. ICR은 부계 대립유전자에서 메틸화되며, Igf2는 활성화되고, H19는 불활성화된다. ICR은 모계 대립유전자에서는 메틸화되지 않으며, Igf2는 불활성화되고, H19는 활성화된다. 즉, ICR은 Igf2를 활성화하는 것을 방해하는 인슈레이터이다. 인슈레이터는 CTCF가 메틸화되지 않은 DNA에 결합할 때만 기능을 한다(그림 9-15).

SP1전사인자는 연속적인 3개의 징크핑거로 구성되어 있으며, 각각은 시스테인과 히스티딘 잔기를 가지고 이 잔기들은 아연결합부위를 구성하고 있다. TATA box 등 조절 요소들의 성질이나 수, 배열 등이 다양하게 나타나며 전사의 조절이 이루어진다. TATA box 앞에 CCAAT box, GC box가 위치하며 프로모터 내의 특정 요소들 내의 돌연변이는 전사 수준에 크게 영향을 미친다(그림 9-16).

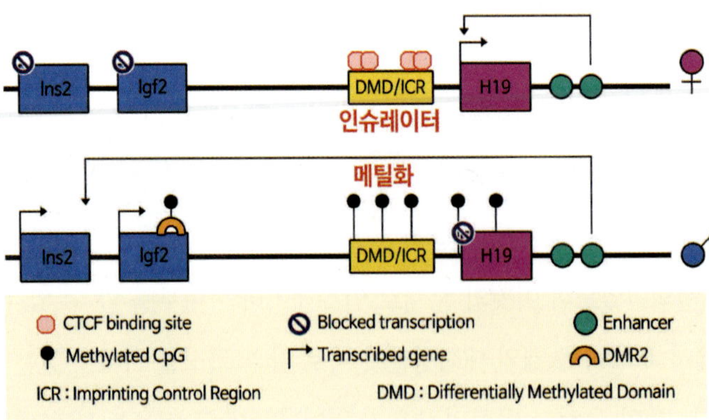

그림 9-15 인슈레이터는 CTCF가 메틸화되지 않은 DNA에 결합할 때만 기능을 한다. ICR은 부계 대립유전자에서 메틸화되며, Igf2는 활성화되고, H19는 불활성화된다. ICR은 모계 대립유전자에서는 메틸화되지 않으며, Igf2는 불활성화되고, H19는 활성화된다.

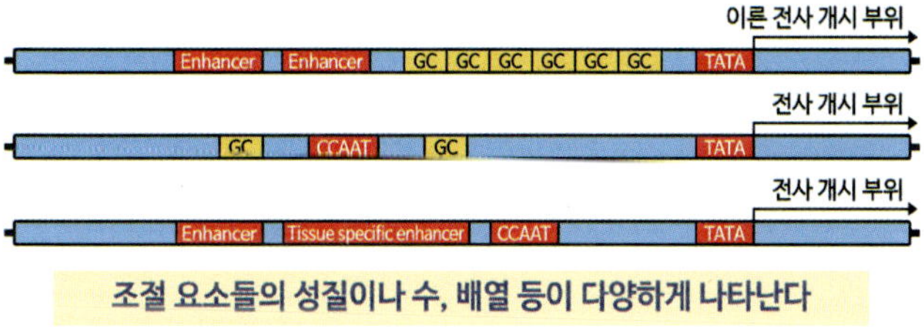

그림 9-16 진핵세포의 유전자 발현의 조절인자들은 다양하다.

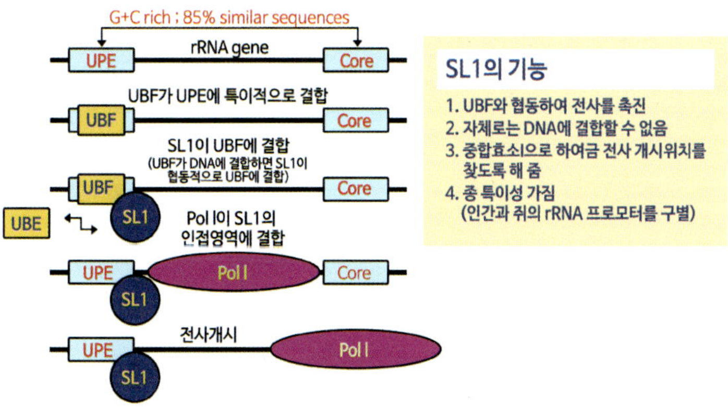

그림 9-17 rRNA유전자의 발현 조절 기작

rRNA gene에 UPE, Core가 존재하며 여기에는 G,C가 많이 존재한다. 여기에 UBF가 UPE에 특이적으로 결합하며, SL1이 UBF에 결합(UBF가 DNA에 결합하면, SL1이 협동적으로 UBF에 결합)하고, PolI이 SL1의 인접영역에 결합하여 전사가 개시된다. 이 SL1은 종특이성을 지니고 있다. 또한, 이것은 UBF와 협동하여 전사를 촉진하며, 중합효소I으로 하여금 전사 개시위치를 찾도록 해준다(그림 9-17).

3급 프로모터에서 A box, B box가 자리 잡고 있고, 여기에 전사인자C가 결합한다. 이후 또 다른 전사인자 B가 C옆에 자리 잡고 중합효소III이 전사인자 B의 위치를 인식해서 자리 잡는다. 2급 프로모터는 RNA 중합효소2에 의해 인지되는 프로모터이다(그림 9-18). TATA box와 Inr은 핵심 프로모터이며, 상단부 요소에 CCAAT box와 GC box가 있으며, GC box에는 Sp1 전사인자가 GC box에 결합하여 전사를 촉진한다. 중합효소1

에 의해 전사되는 프로모터는 1급 프로모터이며, 중합효소II와 관련된 프로모터는 2급 프로모터, 중합효소III과 관련된 프로모터는 3급 프로모터이다.

DABpolIIF 복합체 형성 모델은 TATA box에 전사인자 D,A,B가 결합되고, 중합효소2에 전사인자 F와 함께 DABpolF를 형성한다. 전사인자 TFIID는 TBP(TATAbox-Binding Protein)와 TAF(TBP-Associated Factors)가 결합된 구조이다(그림 9-19; 9-20).

전사인자 TFIID에는 TAF분자110과 Sp1이 TBP에 결합한다. Sp1가 증가할수록 이에 의한 전사 활성화가 일어난다. 이는 GC box와 함께 TAF분자110이 결합해서 이루어진다(그림 9-21).

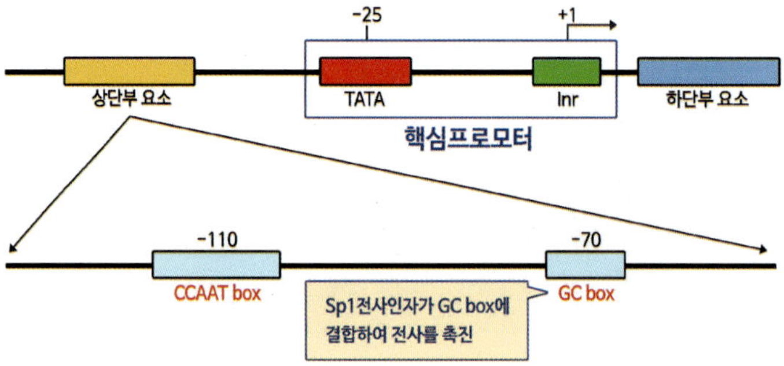

그림 9-18 RNA 중합효소2에 의해 인지되는 2급 프로모터이다. TATA box와 Inr은 핵심 프로모터이며, 상단부 요소에 CCAAT box와 GC box가 있으며, GC box에는 Sp1 전사인자가 GC box에 결합하여 전사를 촉진한다.

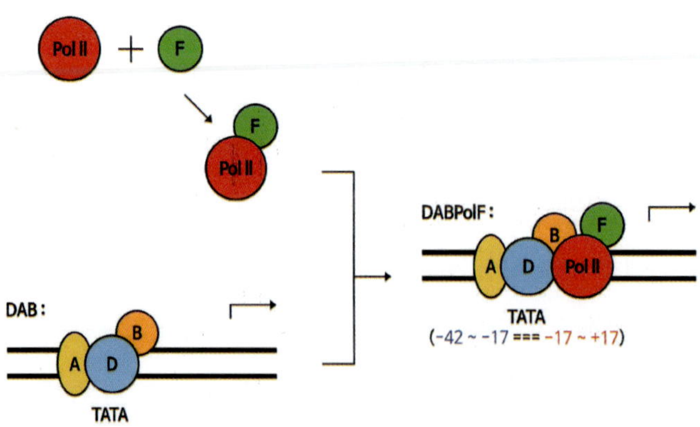

그림 9-19 DAB Pol II F 복합체 형성 모델 : TATA box에 전사인자 D,A,B가 결합되고, 중합효소 II에 전사인자F와 함께 DABpolF를 형성한다.

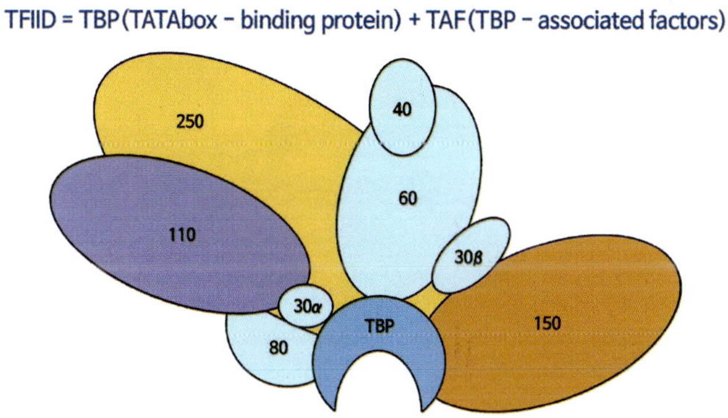

그림 9-20 전사인자 TFIID의 구조 : TBP(TATAbox-Binding Protein)와 TAF(TBP-Associated Factors)가 결합된 구조이다.

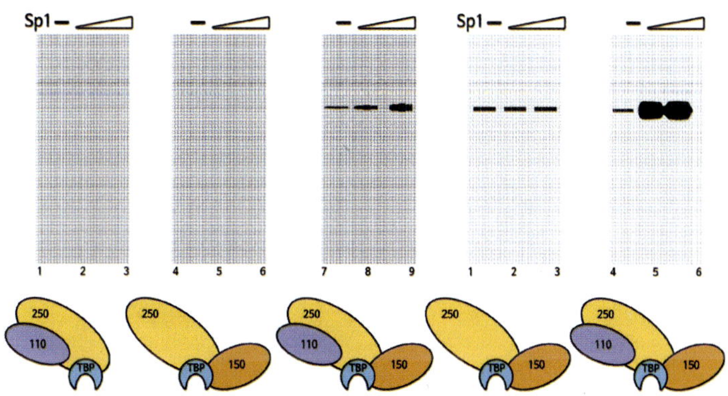

그림 9-21 Sp1에 의한 전사 활성화 -TAF 110 : TAF분자110, 250, 150이 있으면서 전사인자 Sp1을 널려주면 전사 활성화가 더 일어난다

진핵생물에서 유전자 발현조절에 있어서 TATA box의 DAB에 중합효소2와 전사인자F가 붙어 DABPolF를 이룬다. 전사인자A는 TFIID와 프로모터간의 결합을 안정화하고, 전사인자B는 Pol II와 다른 인자들이 결합하도록 하여 전사를 자극한다. 전사인자H는 Pol II의 인산화 즉, 전사개시 상태를 RNA 신장상태로 유도한다. 전사인자E는 Sp1에 의존적으로 전사를 자극하여 신장에 필요하다. 전사인자F는 Pol II를 프로모터로 인도하며, 비특이 DNA부위에 결합을 억제, 신장에도 중요한 역할담당을 한다. 이미 형성된 비특이 결합으로부터 pol II를 방출하기도 한다(그림 9-22).

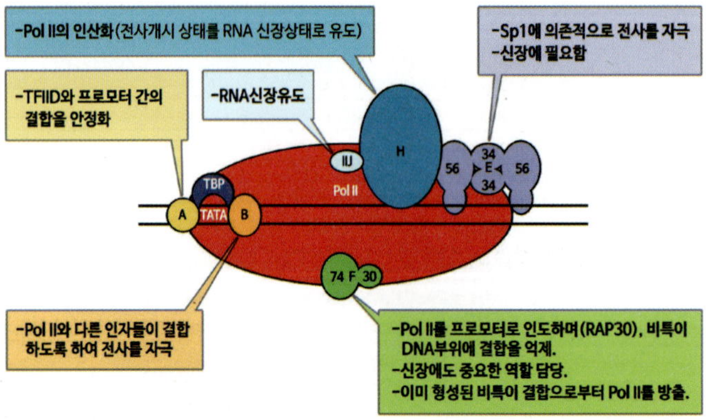

그림 9-22 진핵생물에서 유전자 발현 조절

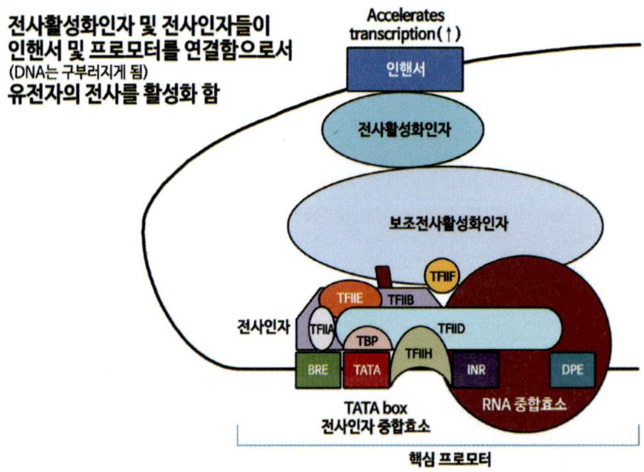

그림 9-23 진핵생물에서 유전자 발현 조절 : 진핵생물에서 유전자 발현조절이 일어날 때에는 TATA box를 중심으로 다양한 전사인자, 전사활성화인자의 결합과 인핸서 등이 관여한다. 이때 전사개시 복합체를 형성하기 위해 DNA가 구부러지게 된다.

이렇게 진핵생물에서 유전자 발현조절이 일어날 때에는 TATA box를 중심으로 다양한 전사인자의 결합과 인핸서 등이 관여한다. 이때 전사개시 복합체를 형성하기 위해 DNA가 구부러지게 된다(그림 9-23). 전사인자들은 유전자의 시스 조절 요소들에 결합하여 전사를 시작하고 진행하는데 도움을 주는 단백질 인자들이다. 이는 조직 특이적 방법으로 발현되어 다른 유전자들의 조직 특이적 발현을 유발하며, 구조적 변화가 활성/비활성형 상태를 유발할 수 있다. 또한 DNA 결합부위를 놓고 다른 전사인자와 경쟁할 수 있으며 DNA 결합 도메인과 트랜스 활성화 도메인을 포함하는 구조로 되어 있다. 전사인자의 구조적 모티프들에는 Helix-loop, helix motif, Zinc finger motif, Leucine zipper motif 등이 있다. 인간 메탈로티오네인 llA 유전자의 프로모터와 인핸서 영영을 보면, 여러 조절 부위들과 여기에 결합하는 많은 전사인자들이 유전자 발현에 영향을 미친다.

전사인자들의 주요 특징

나선-꺾임-나선 모티프는 최초로 발견된 DNA 결합 도메인으로 두 개의 인접한 알파-나선 구조가 몇 개의 아미노산들에 의해 나뉘어져 있는 구조이며 호메오 박스 포함 전사인자들의 주요 특징이다. 아연 손가락은 넓은 범주의 전사인자들에서 발견되어 세포성장, 발달, 분화에 관련된 유전자들을 조절하는 전사인자들이다. 두 개의 시스테인과 두 개의 히스티딘으로 이루어진 무리를 반복해서 포함한다. 염기성 류신 지퍼 모티프는 단백질-단백질 이합체를 만드는 염기성 류신 지퍼 부분을 포함하고 지퍼 인접부분의 알파 나선부분에 의해 가위같은 구조가 형성된다.

특수 전사인자들의 활성화 기작에 대해 정리해 보자. 인핸소좀(enhanceosome)을 형성하여 프로모터나 인핸서의 전사인자들이 전사개시복합체의 구성원들과 상호작용하게 한다. 전사개시복합체의 조립 속도에 영향을 미친다. 뿐만 아니라 크로마틴 재구성 촉진을 시키기도 하며, 일반전사인자들의 결합 안정화, 유전자 내부의 DNA 풀림 촉진, 중합효소의 이동 촉진을 한다.

그렇다면 전사후의 조절은 어떻게 될까? 진핵성 핵 RNA들의 변화의 공정과정에서 유전자 발현 조절이 이루어진다. 또한, mRNA의 대체 스플라이싱, mRNA 안정성의 조절이 일어난다. 대체 스플라이싱은 동일한 mRNA전구분자로부터 서로 다른 형태의 mRNA가 형성되도록 한다(그림 9-24).

mRNA는 또한 capping이 된다. 뉴클레오티드 인산가수분해효소는 mRNA의 5말단 3인산기에서 감마인산기를 잘라내어 2인산기만 남도록 하고, 구아닐전달효소는 GTP

로부터 GMP를 mRNA말단의 2인산기에 붙여서 3인산기 결합을 형성한다. 후에 메틸전달효소가 아데노실메티오닌의 메틸기를 캡형성 구아닌의 7번째 질소에 전달한다. 또 다른 메틸전달효소는 또 다른 아데노실메티오닌을 2번째 뉴클레오티드의 2-OH기의 메틸화를 위해 이용한다. 캡형성의 핵심 물질은 7-메틸구아노신이다. 이러한 진핵세포내의 캡형성은 mRNA전구체 사슬의 길이가 30뉴클레오티드가 되기 전에 일어난다(그림 9-25).

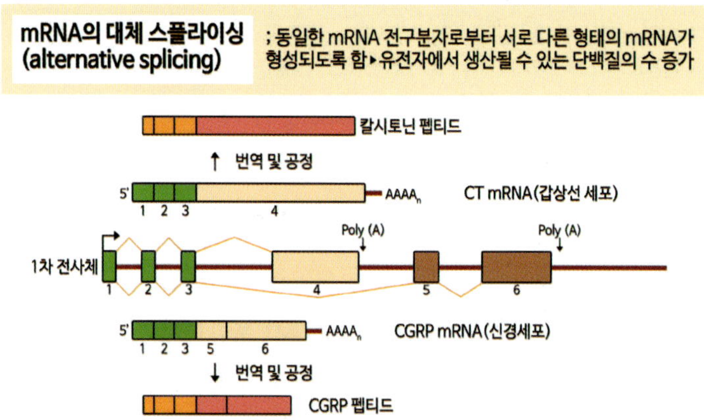

그림 9-24 전사 후의 조절 : mRNA의 대체 스플라이싱의 모식도

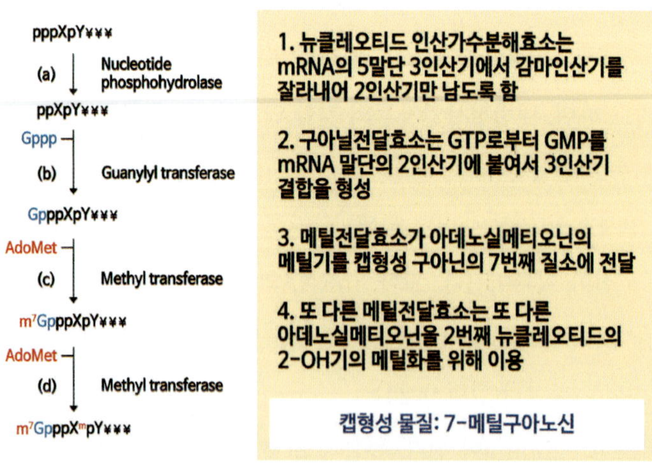

그림 9-25 성숙한 mRNA의 capping

폴리 A는 AAUAAA의 시퀀스를 지니고 있다. 여기에 절단과 폴리 A형성 특이인자가 결합한다. 이 AAUAAA의 시퀀스가 정상일 때와 돌연변이일 때의 전사는 어떨까? 이 AAUAAA의 시퀀스를 지녔을 때 제대로 된 활성을 보인다. 이 시퀀스와 함께 다양한 폴리 A의 생성을 살펴볼 때, 폴리 A의 서로 다른 타입에서 폴리 A의 형성 타입도 다르다. 이는 폴리 A를 형성하는 근원적인 것은 시퀀스가 이동성유전인자이다. 이들은 DNA 트랜스포존, LTR, LINE, SINE으로부터 유래되었다. 이동성유전인자 중 하나인 Alu의 시퀀스를 살펴보면, A rich시퀀스가 있어서 폴리 A형성에 관여한다는 것을 알 수 있다 (그림 9-26). CAP과 Poly(A)의 기능은 mRNA가 분해되는 것을 방지하고, 번역능력을 증진시키고, 핵에서 세포질로의 mRNA 이동을 증진시키며, mRNA 스플라이싱의 효율을 증진시킨다. RNA유전자 침묵화에 의한 유전자 조절 기구에는 마이크로 RNA의 3'말단 번역의 억제가 있으며, DNA 메틸화에 따른 억제가 있다.

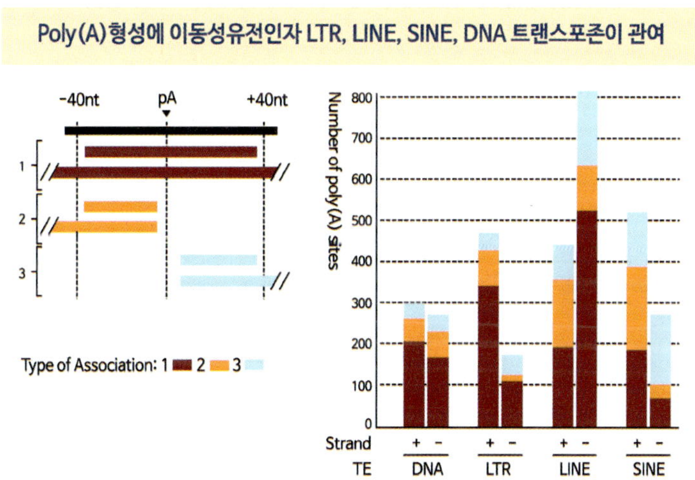

그림 9-26 poly(A)형성에 이동성유전인자가 관여하고 있다.

학습 요약 정리

1. 진핵세포의 유전자 발현 조절단계에는 전사조절, 스플라이싱과 공정과정 조절, 이동조절, mRNA의 분해, 번역 조절, 단백질 변형이 있음

2. 크로마틴 수준에서 조절은 유전자 특이적 크로마틴 재구성, 히스톤 변화, 혹은 DNA 변형 등을 포함

3. 진핵성 유전자의 전사는 유전자 특이적 프로모터와 인핸서 요소들의 수준에서 조절

4. 전사인자들은 프로모터 내부나 근처에 위치하는 시스-작용 요소들에 결합하여 전사율에 영향을 미침

5. 전사활성화인자의 기능은 인핸서의 특이 DNA배열을 인식하고 결합하여 전사를 활성화 하는 것

6. 인핸서에 의해 관계없는 유전자가 활성화되는 것을 막기위한 DNA성분을 인슈레이터 라고 함

7. DMD/ICR영역에 CTCF결합유무와 메틸화의 상태에 따라 임프린팅 대립유전자의 발현이 조절됨

8. 전사 후 조절에는 대체 스플라이싱, RNA수송과 안정성 등이 있음

9. Poly(A)형성에 이동성유전인자가 관여하고 있음

10. RNA 침묵화는 유전자 조절의 전사 후 조절 기작으로 mRNA의 번역능력에 영향을 미침

10 영장류 및 인류의 진화

영장류의 진화와 특징

지구상에 존재하는 영장류는 종 분화가 잘 되어있다. 이들은 450여 종이 넘도록 종 분화를 야기 시켜 왔다. 이의 원동력은 유전자 중복이라 할 수 있다. 지구상에 존재하는 영장류는 크게 원원류와 진원류로 나누어진다. 원원류에는 로리스 및 여우원숭이 등이 있으며, 진원류는 구세계원숭이 신세계 원숭이, 고등 영장류로 분류된다. 고등영장류에는 인간, 침팬지, 고릴라, 오랑우탄, 긴팔원숭이가 있다(그림 10-1). 이들은 고온다습한 남쪽에만 살고 있다. 우리나라에는 야생원숭이가 없지만 한때 원숭이가 살았던 흔적은 존재한다. 원숭이는 집단 내에 사회활동이 존재한다. 원숭이 새끼는 집단 내에서 친구를 만나며 사회활동을 익혀나간다. 인간은 침팬지와 5-6백만년 전에 분기되었다. 보노보와 침팬지는 1백만년 전에 분기되었다.

인간, 침팬지, 고릴라, 오랑우탄의 진화과정에서 어떠한 돌연변이 현상이 가장 많이 일어났을까? 그 답은 협동원체 역위(pericentric inversion)이 가장 많이 발생하였다는 것이다. 특정 영역의 유전정보는 인간, 침팬지, 고릴라의 관계에 대한 계통적 유연관계를 달리 해준다. 그러나 많은 영역에 있어서 인간, 침팬지가 계통적인 유연관계가 가

깝다는 것을 시사하고 있다(그림 10-2). 이에는 미토콘드리아DNA, 상염색체 및 Y염색체상의 유전정보가 뒷받침 해주고 있다. 고등영장류들은 진화과정에 있어서 집단의 크기에 있어서 인간에 비해 많이 증가되었다.

그림 10-1 영장류는 원원류와 진원류로 나누어진다. 원원류에는 로리스 및 여우원숭이 등이 있으며, 진원류는 구세계 원숭이, 신세계 원숭이, 고등 영장류로 분류된다. 고등영장류에는 인간, 침팬지, 고릴라, 오랑우탄, 긴팔원숭이가 있다.

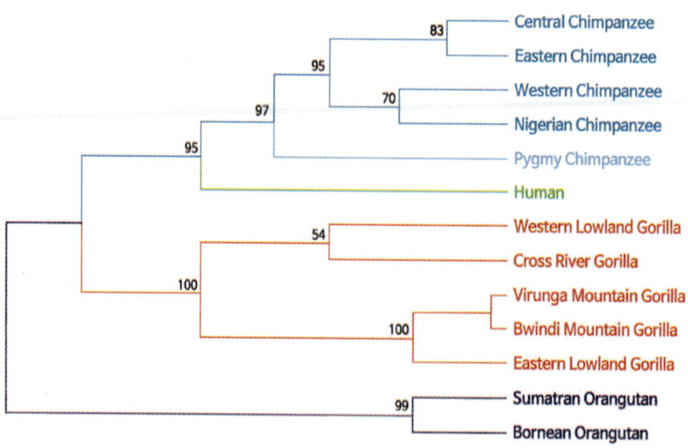

그림 10-2 인간, 침팬지, 고릴라, 오랑우탄의 계통적 유연관계

인간과 침팬지의 큰 차이는 뇌용량의 차이다. 침팬지는 500cc, 인간은 1500cc정도이다. 유전자 서열의 차이는 약 1.3%의 차이다. 뇌에 있어서 유전자의 발현양상에 큰 차이가 있다(그림 10-3). 인간과 침팬지의 분기후, 인간의 유전체의 0.8%가 과오돌연변이를 겪었다. 인간, 침팬지, 원숭이의 전전두엽 발생에서 유전자 발현 양상은 어떨까? 침팬지와 원숭이에 있어서는 태어나자마자 발현양상이 극치에 다다른다(그림 10-4). 그러나 인간은 5세가 되었을 때 극치에 다다른다. 즉, 침팬지와 원숭이는 태어나자마자 많은 유전자가 발현되어 독립적 체제를 갖춘 개체로 급성장할 수 있다. 그러나 인간의 아이는 약 5세가 되어야 이러한 기능을 할 수 있다. 유전자 중복으로 인해 SRGAP2유전자가 침팬지에 있어서는 하나의 복사수가 존재하지만 인간에게는 염색체 1번에 4개의 복사수가 존재한다. 원래 1개의 복사수였으나 유전자 중복으로 인해 4개의 복사수로 늘어난 것이다. 유전자 중복에 관여하는 이동성유전인자는 Alu 인자이다. 인간에게 4개의 복사수를 가진 이러한 유전자들은 어떤 임무를 수행할까? 그 해답은 신경세포에서 신경돌기를 다양화 시킨다는 것이다. 이것이 인간의 뇌 운동의 활성을 야기한다(그림 10-5).

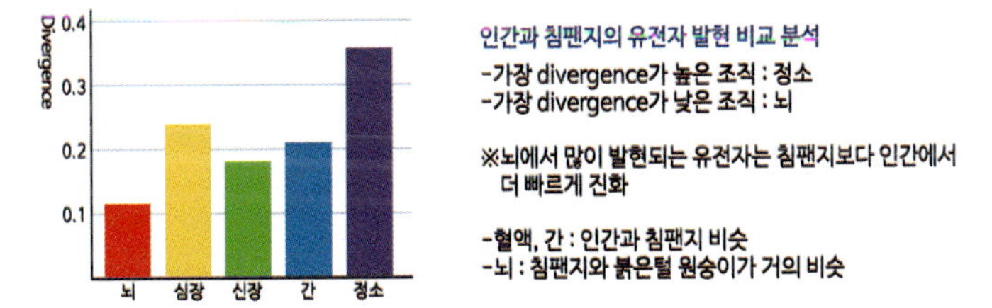

그림 10-3 인간, 침팬지, 원숭이에서 유전자 발현 비교 분석 : 인간의 뇌에서 발현하는 유전자가 침팬지와 원숭이보다 빠르게 진화한다.

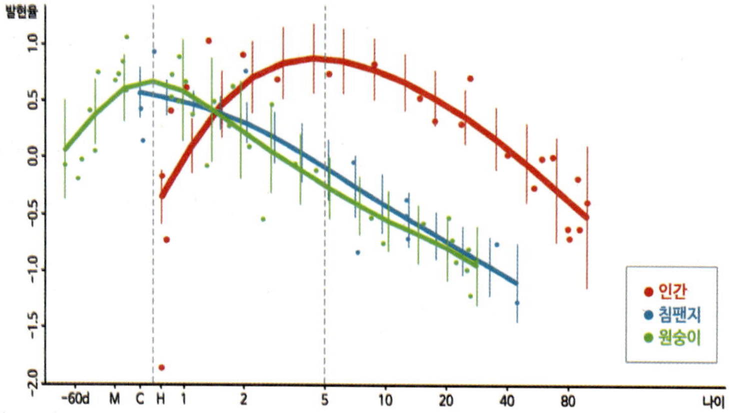

그림 10-4 인간, 침팬지, 원숭이의 전전두엽 발생에서 유전자 발현 양상 분석 : 침팬지와 원숭이에 있어서는 태어나자마자 발현양상이 극치, 그러나 인간은 5세가 되었을 때 극치에 다다른다.

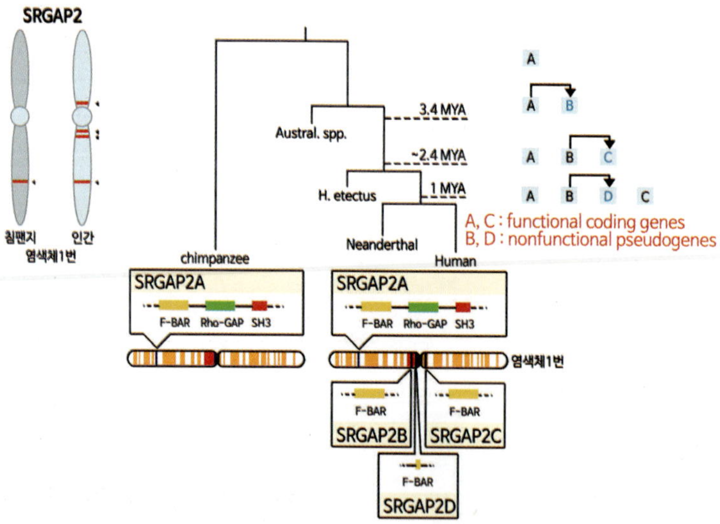

그림 10-5 SRGAP2유전자 중복-인간 뇌 기능 향상에 기여 : 유전자 중복으로 인해 SRGAP2유전자가 침팬지에 있어서는 하나의 복사수가 존재하지만 인간에게는 염색체 1번에 4개의 복사수가 존재한다. 원래 1개의 복사수였으나 유전자 중복으로 인해 4개의 복사수로 늘어난 것이다. A와 C유전자는 활성을 가지는 기능성 유전자이지만, B와 D유전자는 기능이 없는 위유전자로 진화하였다.

인간만이 가진 유전자

PCDHY 유전자는 오직 인간만이 지닌 유전자이다. 이는 Yp11.2 영역에 위치한다. 이동성유전인자인 LINE1로 인한 전위(transposition)가 일어나고, 다시 역위(inversion)가 일어남에 따라 오늘날 오직 인간만이 지닌 PCDHY 유전자가 탄생한 것이다. 인간의 Y 염색체에만 있는 PCDHY는 인간의 뇌에서 강하게 발현되고 언어에 있어서 중요한 역할을 담당하고 있다. 이러한 PCDHY에 있어서 Y특이적인 엑손2번을 탄생시키는데, 이동성 유전인자 MER3가 관여했다. 또한 PCDHY의 서로 다른 스플라이싱된 변이체들은 각기 다른 영역에서 다양하게 작용하고 있다. 인간에게만 존재하는 PCDHY는 오늘날 인간의 뇌를 활성화 시키고, 이는 인류의 진화를 야기 시켜 왔다(그림 10-6).

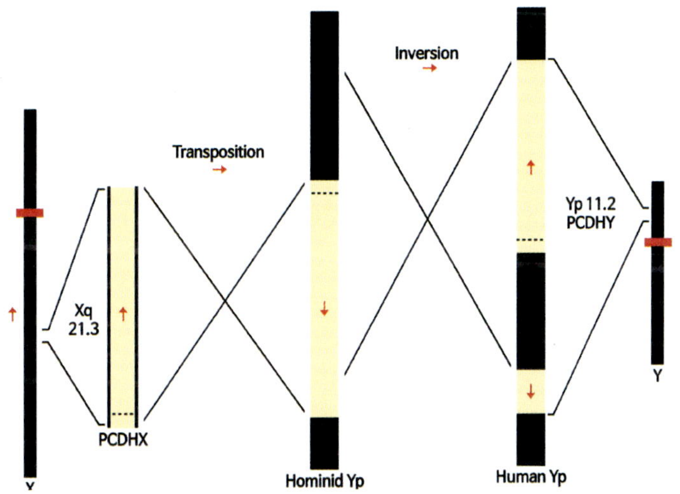

그림 10-6 Xq21.3영역의 PCDHX 유전자로부터 유전자중복-전위-역위의 과정을 거쳐서, Yp11.2영역의 PCDHY유전자를 탄생시켰다.

새로운 기능을 갖는 유전자는 어떻게 해서 탄생될까?

프로토 오픈 리딩 프레임(proto-ORF)은 다양한 이벤트 현상으로 깨진 상태로 존재하고 있다. 여기에 돌연변이 현상이 다시 일어나서 완전한 proto-ORF로 자리 잡는다.

그렇게 되면 이동성유전인자가 제공하는 프로모터에 의해 새로운 프로모터를 획득하게 되는 것이다. 즉, 인트론이 없지만 프로모터와 오픈 리딩프레임이 탄생된다. 이러한 유전자의 탄생은 인간과 침팬지의 분기 후 부터 일어나고 있다. 이들의 원래 출발은 비암호화 시퀀스였지만, 새로운 프로모터 등의 도움으로 제대로 된 유전자로 탄생되어 조직 특이적인 발현현상을 야기한다(그림 10-7).

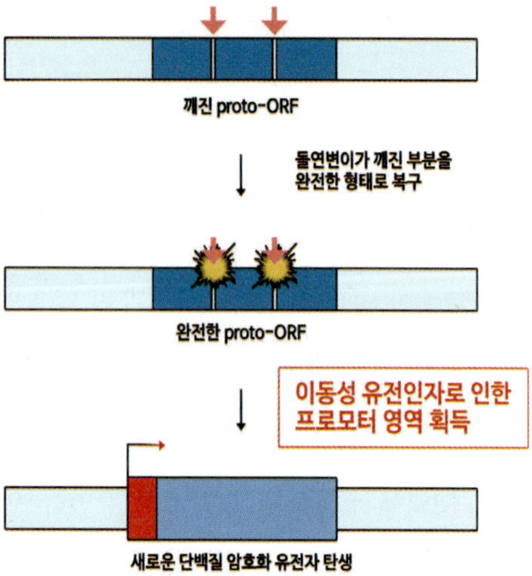

그림 10-7 새로운 기능을 갖는 유전자의 탄생 모식도

인간과 침팬지의 차이

사람과 침팬지의 게놈차이는 1.3 %이며, 침팬지에는 인간에게 존재하는 유전자가 있다. 과학자들은 이를 연구하던 중 하나를 찾아냈다. 인간과 침팬지의 세포 표면에 큰 차이가 있다는 것이다. 인간과 침팬지의 혈청을 검사하면 그 둘의 세포가 다르다. AC를 GC로 전환하는 단백질 효소를 만드는 CMAH라는 유전자가 있는데 인간의 이 유전자가 2백만년 전에 손상되었다. 따라서 인간의 세포 표면에는 AC 한 종류밖에 없다. 비록 하나의 유전자지만 몸 전체의 세포 표면에 영향을 끼친다. 모든 세포 표면에는 AC가 몇 백만 개씩 존재하기 때문이다. 이에 원자 하나의 작은 변화가 몸 전체의 세포를 바꾸는 것이다.

인간의 뇌에서 발현하는 유전자의 양상은 좌뇌와 우뇌에서도 다르다. FOXP2 유전자는 돌연변이 이벤트 후, 다형 현상을 거쳐서 유리한 돌연변이(Beneficial mutation)가 점진적으로 증가한다. FOXP2는 하나의 전사인자이다. 이것에 돌연변이가 안 일어나면, 전사인자로 작동한다. 이는 유전자 네트워크를 통해 다른 유전자들과 연관되어있다. 인간의 FOXP2는 아스파르트산(D), 아스파라긴(N), 세린(S)으로 이루어져 있다. 침팬지의 FOXP2는 아스파르트산(D), 트레오닌(T), 아스파라긴(N)으로 이루어져 있고, 쥐의 FOXP2는 글루탐산(E), 트레오닌(T), 아스파라긴(N)으로 이루어져 있다. FOXP2 변이에 따라 언어처리회로에 변화가 생긴다. FOXP2유전자 변이로 단백질이 절반만 만들어지는 사람은 뇌의 언어처리회로가 비정상적으로 형성된다. 언어과제를 수행할 때 보통 사람들은 좌뇌의 브로카 영역이 주로 활성화되지만 변이가 있는 사람은 좌뇌와 우뇌가 산발적으로 활성화된다(그림 10-8; 10-9).

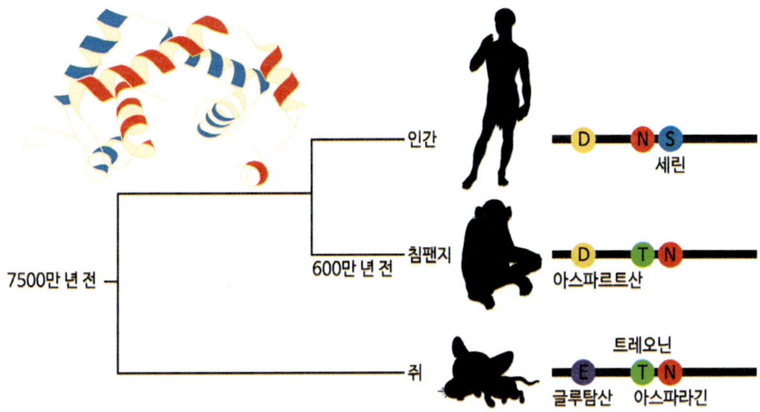

그림 10-8 인간, 침팬지, 쥐의 FOXP2 유전자 변이 모식도

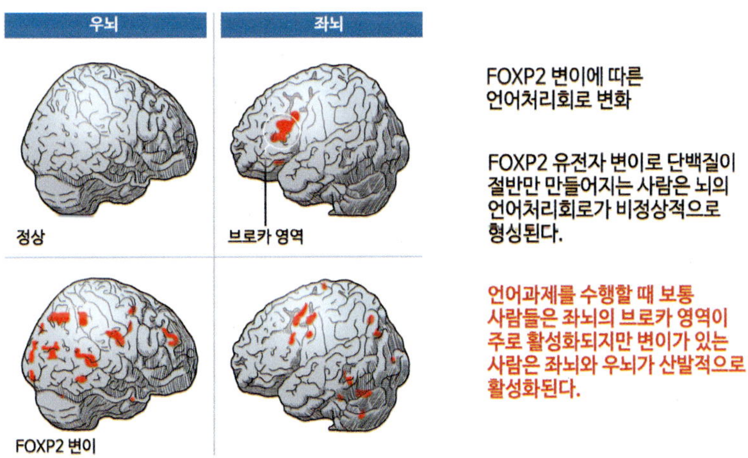

그림 10-9 인간의 FOXP2 정상과 변이 뇌의 비교

인류 진화의 특징

오랜 시간동안 인류는 진화를 거듭해왔다. 인류의 진화 순에는 오스트랄로피테쿠스-호모 하비리스-호모 에렉투스-네안데르탈인-호모 사피엔스이다. 인류는 직립보행에 적응해가며 키가 커지고 날씬해졌다. 오스트랄로피테쿠스는 직립보행을 했으며, 이는 다른 동물과 인류를 구분 짓는다. 인류의 골반은 좌우로 넓어지고 척추는 S자로 휘어져 충격흡수를 하는 방향으로 진화해 왔다. 이의 장점은 양손이 자유로워져 도구를 사용했다는 것이다. 네안데르탈인을 거치며 호모사피엔스로 갈수록 도구는 더욱 정교해지고 다양해졌다(그림 10-10). 도구의 사용은 인류가 다양한 음식을 섭취할 수 있도록 해주었다. 이에 단백질의 섭취는 인류의 두뇌용적을 확장시켰다. 언어를 익히고, 자유롭게 구사하게 되었으며 초기 인류가 의사소통하는 방식은 타 동물과 별 차이가 없었을 것이다. 진화는 지금도 이어지며 현 인류도 진화하는 과정의 한 부분이라 할 수 있다. 인류진화의 특징을 정리해보자면, 직립보행, 손의 구조의 진화, 목구멍 구조의 발달, 뇌 용량의 확대, 집단생활이 있다. 인류는 15만년 전 아프리카로부터 출발해 유럽, 아시아를 거쳐 온 것을 미토콘드리아 DNA나 Y염색체의 분석을 통해 알 수 있다. 인류는 약 5백만년동안 진화했다. 약 18만년전 현생인류가 탄생했다. 현생인류는 뇌가 커진 만큼 두개골의 상부도 커지고 둥글어졌다. 불에 익혀먹으며 턱과 치아의 축소가 이루어 졌고, 무릎과 발은 직립 보행 시 체중지탱을 위한 형태로 변화했다. 또한 언어를 통해 정보를 주고받고, 교환 등 물물거래를 했다. 동아시아의 수많은 유적에서 현생인류의 흔적을 찾아볼 수 있다. 현생인류는 한반도 전역에도 널리 퍼져 살았다. 긴 여행 후, 한반도에 뿌리내린 현생인류는 우리의 먼 조상이다.

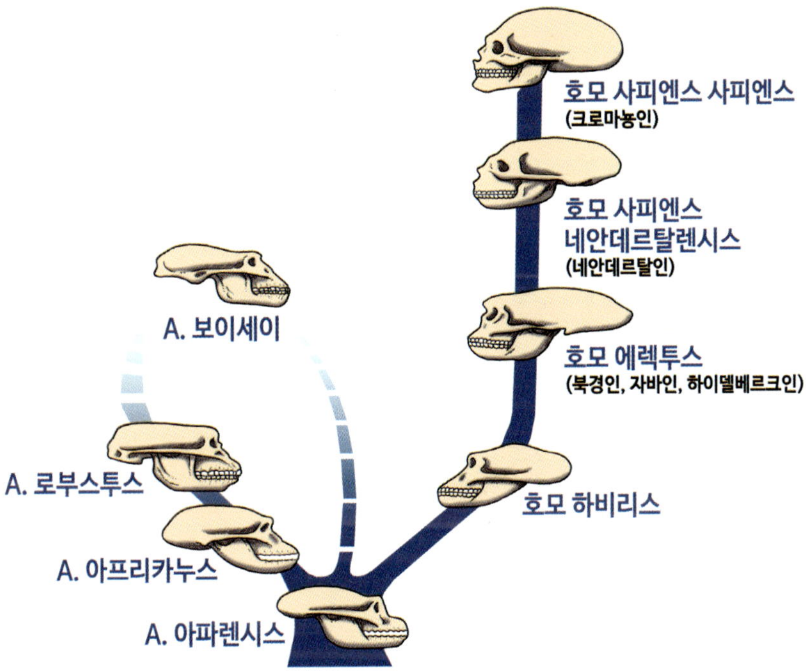

그림 10-10 인류의 진화 순서는 오스트랄로피테쿠스-호모 하비리스-호모 에렉투스-네안데르탈인-호모 사피엔스이다.

학습 요약 정리

1. 450여종의 영장류가 아프리카, 남미, 동남아시아 일대의 고온 다습한 열대 우림지역에서 서식하고 있음

2. 영장류는 원원류와 진원류로 나뉘고, 진원류는 신세계 및 구세계원숭이, 고등영장류로 분류됨

3. 고등영장류에는 인간을 포함하여, 침팬지, 고릴라, 오랑우탄, 긴팔원숭이가 포함됨

4. 침팬지, 고릴라의 염색체에서 협동원체 역위(pericentric inversion)가 측동원체 역위(paracentric inversion)보다 많이 보임

5. 인간-침팬지-고릴라의 삼각관계에서는 인간과 침팬지가 가까운 유연관계임 (mtDNA, Y-Chr. DNA의 유전정보 분석결과임)

6. 인간 및 침팬지의 뇌에서 유전자발현 양상이 큰 차이(인간의 뇌에서 유전자가 많이 발현됨)

7. SRGAP2 유전자 중복 산물은 인간의 신경세포 수상돌기 가시를 확장함

8. PCDHY 유전자는 인간에서만 있는 유전자이며, 침팬지나 고릴라에는 없음

9. 53개 유전자는 인간에게서만 새롭게 나타났으며, 서로 다른 조직에서 발현하는데, 대뇌 피질 및 정소에서 많이 발현됨

10. 인간언어유전자 FOXP2유전자 변이를 가진 사람은 좌, 우 뇌 모두 산발적인 활성화를 보임. (정상인-좌뇌 브로카 영역만 활성화)

11. 인간진화의 특징-직립보행, 손 구조 진화, 목구멍 구조 발달, 뇌용량 확대, 언어발달 등으로 집단생활

12. 오스트랄로피테쿠스-호모 하비리스-호모 에렉투스-네안데르탈렌시스-호모 사피엔스로 인류가 진화함

11 이동성유전인자

정크 DNA라 불렸던 이동성유전인자

지구상에 다양한 생물들은 바이러스와 세균 등으로 투쟁과 공존 속에서 살아왔다. 바이러스가 인간유전체에 침입하여 인간의 유전자의 스위치를 작동시키는 능력을 지니며 이동성유전인자로 자리 잡았다. 고대 바이러스는 인간유전체를 형성하고 조절하는 데 큰 역할을 해왔다. 한때 이들은 아무런 유전정보가 없는 DNA로 정크 DNA라 불리었지만, 이들은 오늘날 생명과학의 발달과 더불어 이동성유전인자로 자리 잡았다. 이들은 인류 진화의 바탕이 된 조절 암호의 핵심요소라 할 수 있다. 즉, 이동성유전인자가 생명의 기원 핵심인 것이다. 이동성유전인자는 DNA 트랜스포존(3%)과 레트로트랜스포존으로 분류된다. 레트로트랜스포존에는 HERV(8%), LINE(21%), SINE(13%)로 구성되어 있다(그림 11-1; 11-2).

여기서 HERV, LINE은 역전사 효소를 암호화하며 옮기고자 하는 영역으로 마음대로 움직일 수 있다. HERV element는 최초의 생식세포 감염을 통해 인간유전체 내로 들어와 주로 헤테로크로마틴, 센트로미어, 텔로미어 영역에 자리 잡고 있다. 이에 서로 다른 HERV끼리 하이브리드를 이루거나 유전자들의 스위치 역할을 하기도 한다. 이동

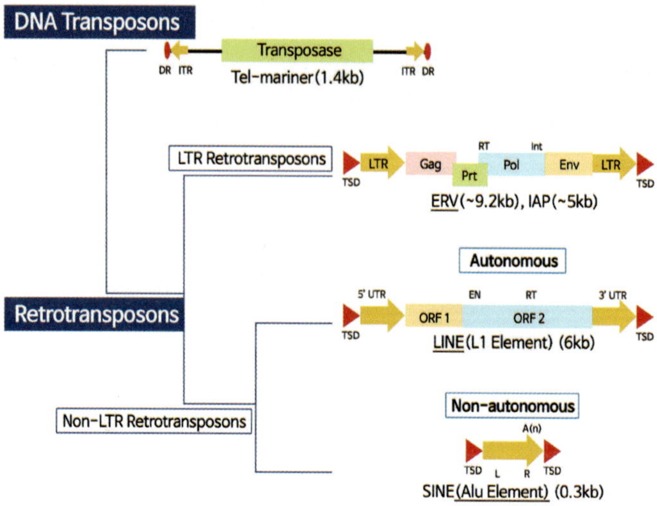

그림 11-1 Transposable Elements : 이동성유전인자는 DNA 트랜스포존과 레트로트랜스포존으로 분류된다. 레트로트랜스포존에는 HERV, LINE, SINE 인자로 구성된다.

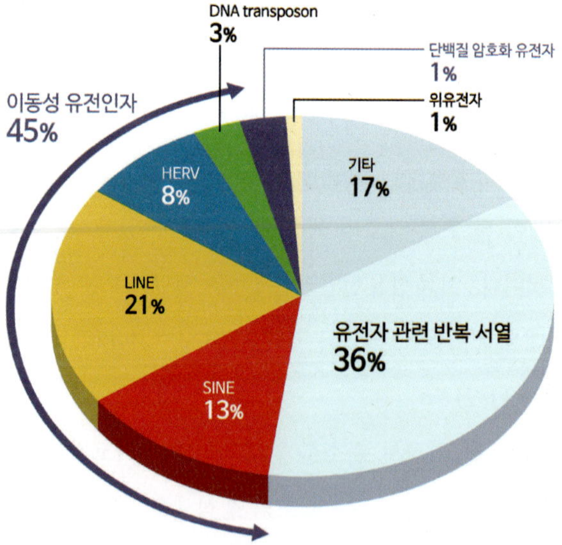

그림 11-2 이동성유전인자는 DNA 트랜스포존(3%)과 레트로트랜스포존으로 분류된다. 레트로트랜스포존에는 HERV(8%), LINE(21%), SINE(13%)로 구성되어 있다. 단백질을 만드는 기능 유전자 엑손 비율은 1%이다.

성유전인자는 유전자의 프로모터, 전사인자결합부위 등에 자리 잡아서 유전자를 조절한다. 또는 인핸서, 사일런서, 인슈레이터의 영역에 자리 잡아 중요한 임무를 수행하기도 한다. 유전정보의 시퀀스는 길지만 기존의 프로모터와 이동성유전인자가 제공하는 프로모터가 경쟁적으로 작용하여 작동된 유전자의 전사산물이 최종적으로 번역되어 나타나는 다양성은 선택적인 프로모터로 인해 일어난다. 이동성유전인자는 다양한 생물의 유전체 내에서 프로모터를 제공하거나 엑손을 만들어내기도 한다. 또한 조기 종결 이벤트를 갖도록 하거나, 유전체 전체를 재배열 할 수 있는 파워를 가지고 있다(그림 11-3).

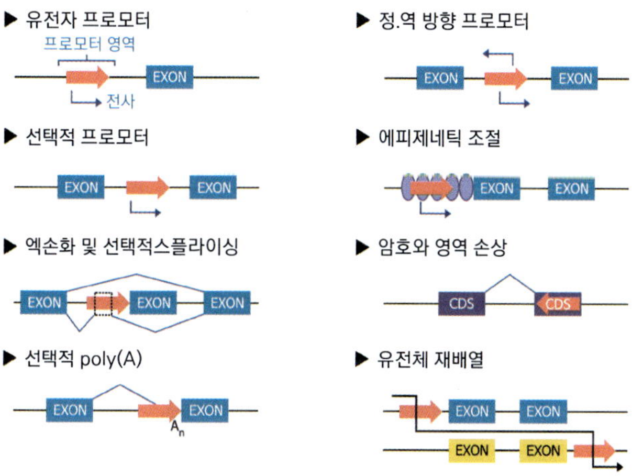

그림 11-3 이동성유전인자의 숙주 유전체 내에서 다양한 기능

이동성유전인자의 파워

Alu인자는 인간 염색체의 1, 16, 17, 19번 염색체에 주로 많이 분포되어있다. Alu는 거미원숭이에서는 많은 복사수를 보이다가 구세계원숭이로 진화해 오면서 복사수가 줄어들었다. 인간의 염색체 19q13.41에는 많은 줄기-고리 구조의 많은 miRNA의 구조가 있다. 이 사이사이에는 Alu가 집중적으로 분포되어있다. 이는 영장류의 진화과정에서 Alu인자가 miRNA의 많은 복사수는 무엇이 조정하고 있는 것일까? 이는 CpG섬과 관련

이 있다. 실험에서 miRNA가 작동이 되도록 메틸레이션 이벤트를 풀어주는 Aza 화학약품을 처리하자 CpG섬의 메틸레이션이 풀어져서 miRNA가 작동함을 확인할 수 있었다. 이들의 miRNA는 세포의 성장, 증식, 분화에 관여하고 있음을 알 수 있었다(그림 11-4).

오랑우탄의 Alu는 250여개 이지만 인간은 5000여개나 된다. 반면 LINE1의 수는 비슷하다. Alu가 인간에게 더 많다는 것은 인간에게 중요한 역할을 수행하고 있다는 것을 암시하고 있다. 이러한 이동성유전인자는 대체 프로모터, 인핸서 및 대체 Poly(A)를 제공, 유전체 영역의 엑손화를 유도한다. 또한 유전자의 결손, microRNA 탄생 및 uORF를 만들어내는데 관여하고 있다.

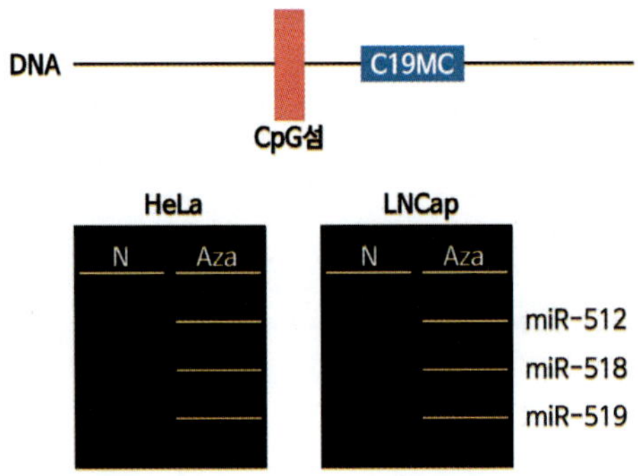

그림 11-4 C19MC영역에 많은 복사수 miRNA는 CpG섬의 메틸화로 인해 조절되고 있다. CpG메틸화는 외부에서 유입되는 트랜스포존과 같은 이동성유전인자들의 기능을 무력화시키는 방어기작이 된다. 외부 유입유전자들의 프로모터 CpG섬이 메틸화돼 유전자 발현이 원천봉쇄된다. 시간이 경과함에 따라 메틸기가 붙은 시토신이 티민으로 취환되어 결국에는 이동성유전인자들이 점차 기능을 상실하게 된다.

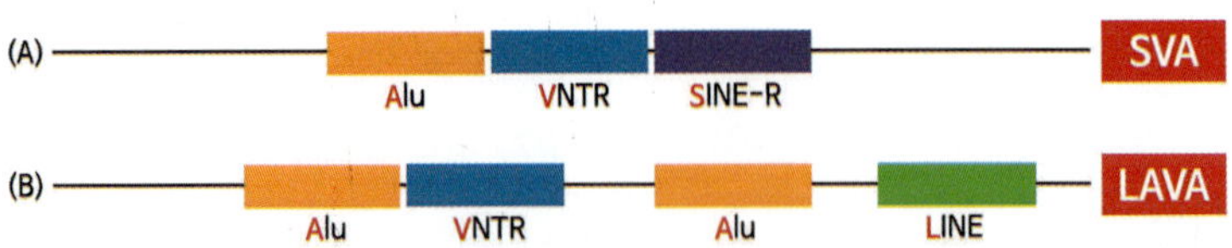

그림 11-5 긴팔원숭이의 이동성유전인자 분석 : SVA 및 LAVA의 구조

인간에게 인간 특이적 이동성유전인자가 있듯이 침팬지에게도 침팬지 특이적 이동성유전인자가 존재한다. 긴팔원숭이의 이동성유전인자에 대해 알아보자. LAVA인자는 L1ME5, AluSz6, SVA_A 전이 인자들의 조합에 의해 형성되있다. 이는 긴팔 원숭이의 센트로미어 영역에 자리 잡고 있다(그림 11-5).

인간, 보노보, 침팬지, 레서스 원숭이에는 평균적으로 약 3백만 개 정도의 이동성유전인자가 삽입되어 있다. 보노보와 침팬지에 비해 인간에서 SINE이 많이 삽입되어 있다. 팬더, 개의 전장유전체 및 이동성유전인자 분석에서는 팬더 게놈의 이동성유전인자는 34.7%, 개의 게놈에서 이동성유전인자는 36.1%이다. 생쥐의 게놈에서는 이동성유전인자가 36.8%를 차지하고 있다. 주머니쥐의 게놈에서는 이동성유전인자가 52.1%를 차지하고 있다(그림 11-6).

밍크고래의 유전체에서 이동성유전인자의 분포는 31.3%이다. 밍크고래의 전체 유전체와 이동성유전인자의 비율과 수상생활에 대한 적응에 대해 연구되었다. 이 밍크고래에는 LINE 이 가장 많으며, 산소 결핍에 적응하는 유전자 발달에 이동성유전인자가 실마리를 제공하고 있다고 할 수 있다. 이는 심혈관 질환 등 질병치료의 연구에 기여할 것으로 기대된다.

	Human		Panda		Dog		Mouse		Rat		Opossum	
	Length (Mb)	% genome	Length (Mb)	% genome	Length (Mb)	% genome	Length (Mb)	% genome	Length (Mb)	% genome	Length (Mb)	% genome
Genome size	2900	100	2225	100	2400	100	2500	100	2750	100	3600	100
DNA	77.6	2.8	71.1	3.2	70.0	2.9	21.8	0.9	20.0	0.81	58.13	1.7
LINE	558.8	20.4	408.0	18.3	437.6	18.3	475.3	19.2	594.0	23.1	975.3	29.2
LTR	227.0	8.3	124.7	5.6	120.2	5.0	244.3	9.9	232.4	9.0	355.6	10.6
SINE	359.6	13.1	176.8	7.8	236.4	9.9	202.9	8.2	181.3	7.1	348.9	10.4
Unknown	3.8	0.2	1.4	0.0	1.3	0.0	9.2	0.4	7.3	0.3	5.1	0.2
Total	1227	44.8	779.8	34.7	860.7	36.1	953.6	38.6	1036	40.3	1744	52.1

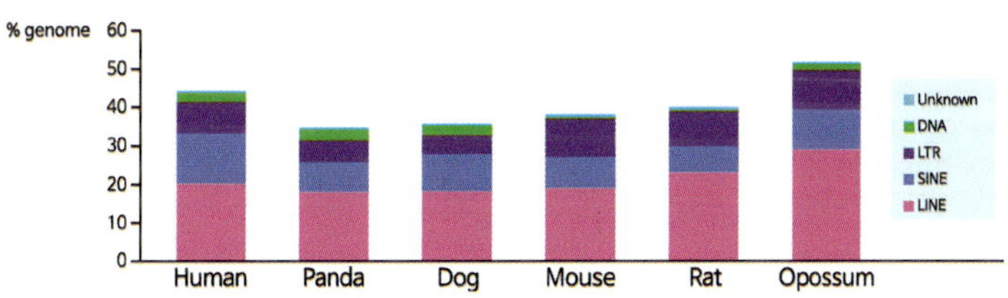

그림 11-6 육상 포유류의 전장유전체 및 이동성유전인자 분포도 비교분석

학습 요약 정리

1. 이동성유전인자는 인류진화의 바탕이 된 핵심요소이며, 생명기능의 조절자

2. 이동성유전인자는 DNA Transposon과 Retrotransposons으로 구분

3. 인간유전체의 45%가 이동성유전인자(TE)로 구성되어 있는데, 이들 중 8%가 HERV인자

4. 이동성유전인자는 miRNA를 탄생시키며, 이들 miRNA에 의해 TE가 조절되어지기도 함

5. 이동성유전인자는 프로모터, 인핸서, poly(A), 엑손유전자, miRNA를 탄생시키며, 때로는 엑손유전자의 결손을 유도함

6. **| 포유류 유전체에서 TE비율 |** 밍크고래 31.3%, 주머니쥐 52.1%, 생쥐 38.6%, 개 36.1%, 팬더 34.7%

7. **이동성유전인자의 기능은 무궁무진함** - 우리가 풀어야 할 큰 숙제 !

다양한 인간의 질병과 이동성유전인자와의 관계

삶아 움직이는 유전자인 이동성유전인자는 류마티스 관절염, 남성불임, 당뇨병, 정신분열증, 각종 암질환과 관련이 있다(그림 11-7). 대머리에는 LIPH유전자에 엑손이 결실되는데, 이는 Alu에 의한 재조합으로 인해 야기된다. 인간의 염색체 3q27에 위치하는 LIPH유전자가 머리카락의 성장에 관여하고 있다. 포스포리파아제 H 유전자(phopholipase H gene)의 제4번 엑손이 인트론에 내재하는 AluS와 AluY의 상호재조합으로 결손되어 머리카락의 성장이 결핍되어 대머리 현상을 보인다. 당뇨병에는 인슐린 의존성 당뇨병으로, HERV-K10의 env유전자에 의해 만들어진 항원으로 활성화된 T세포가 자신의 신체를 공격하여 랑게르한스섬내의 베타세포를 파괴하는 자가면역증으로 1형 당뇨가 있다. 베타세포는 인슐린을 생성하는데, 베타세포가 파괴되면 소변에서 포도당이 나오게 된다. 남성불임에는 무정자증, 무력정자증, 희소정자증, 기형정자증 등의 원인으로 야기된다. 정자는 머리와 꼬리로 구성이 되어있다. 인간의 Y염색체 Yq11.2영역에는 남성불임에 관여하는 AZFa(DFFRY, DBY), AZFb(RBMY), AZFc(DAZ) 영역이 존재한다. AZFa영역의 주요유전자(DFFRY, DBY) 전후로 HERV-I가 자리 잡고 있다. HERV-I 인자들의 상동재조합으로 인하여 DFFRY, DBY유전자의 결손을 야기한다. HERV-I구조 유전자 염기서열의 비교분석에 의하면 똑같은 영역이 ID1, ID2로 탐지되고 이들의 상동재조합으로 781kb의 긴 단편이 소실되었음이 남성불임의 환자에서 탐지되었다.

인간의 뇌에서 발현하는 PCDHY유전자가 Yp11.2 위치에 자리잡고 있다. 이 PCDHY유전자는 Xq21.3위치에 있는 PCDHX유전자가 원본이다. 인류의 진화과정에서 유전자 중복, 전이, 역위현상들이 순차적으로 일어나 오늘날 Y염색체상에 위치하고 있다. 이 유전자의 전이 및 역위 돌연변이 현상에도 이동성유전인자 LINE이 기여하였다. 따라서 LINE인자의 중개로 말미암아 인간에게서만이 존재하는 PCDHY유전자가 500만년 전, 인간과 침팬지가 분기되고 난 이후에 인간에게서만이 탄생되었으며, 인간의 뇌조직 특이적으로 유전자 발현을 보이며, 정신분열증과도 깊숙이 연루되어 있다. 인간만이 지닌 이동성유전인자는 6번 염색체의 C2유전자에 SINE-RC2이며, HS307레

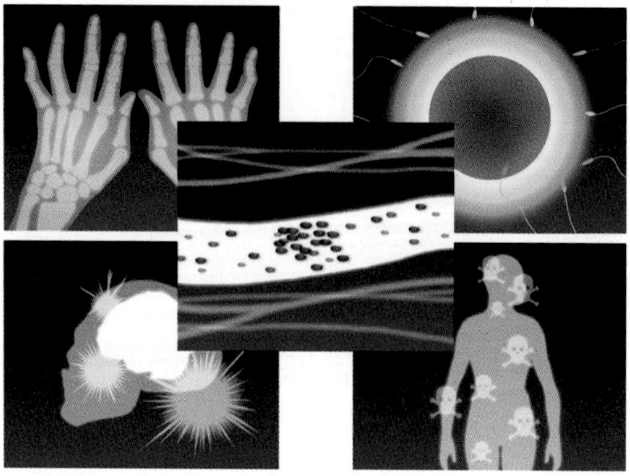

그림 11-7 이동성유전인자는 류마티스 관절염, 남성불임, 당뇨병, 정신분열증, 각종 암질환과 관련이 있다.

트로포존과 가까운 유연관계를 보인다. 이들 패밀리들은 대체 스플라이싱을 거치며 다양한 변이체들을 만들며, 다양한 질병에도 연루되어 있다. SINE-R 페트로포존은 고등영장류의 진화과정동안 탄생되어졌으며, 유전자 중복을 거치며 인간을 포함한 침팬지, 골리라, 오랑우탄, 긴팔원숭이의 유전체 내 다중유전자족으로 내재되어 있다. 영장류의 진화과정에서, 29개의 인간 특이적인 HERV-K가 탐지되었다. 이들의 기능은 하나씩 밝혀져 가고 있으며, 특히 HERV-W는 인간의 뇌에서 발현하며 정신분열증 및 다발성경화증 등에 관여한다. 인간의 뇌 조직에는 신경세포가 아니면서 중추신경계와 말초신경계에서 항상성을 유지하고 미엘린 수초를 생성하며 신경세포를 지지하는 신경교세포(neuroglia)가 있는데, 희소돌기교세포(oligodendrocyte), 성상세포(astrocyte), 미세교세포(microglia), 슈반세포(Schwann cell)로 구성된다. 인간 염색체 7q21.2영역에 있는 HERV-W env유전자가 만들어 내는 Syncytin-1은 성상세포에서 독성물질의 방출을 유도하여 희소돌기교세포를 죽이고 미엘린수초의 손상을 가져와 다발성경화증 증상을 야기 한다. 태반의 형성 및 발달에 Syncytin-1이 관여하는데, 바이러스가 숙주세포내로 들어가는 것과 동일한 기작에 의해 영양아세포(trophoblast)의 융합을 매개한다. 즉, HERV-W env유전자의 단백질 Syncytin-1매개로 인한 영양아세포의 융합은 합포체영양막(syncytiotrophoblast)(태반융모의 표면을 뒤덮는 영양막상피 외층의 세포층)을 형성하는데, 세포의 경계가 없고 많은 세포의 합체에 의해서 생긴 다핵세포로 구성된다. 이는 곧 배아의 착상과 연루 된다. 이와 같은 단백질은 진화적으로 8천5백만년 전, 천산갑(태반 포유류의 한 목)과 분기 이후, 태반류의 육식동물에서 탐지되고 있다. HERV-W는 인간, 오랑우탄, 침팬지, 원숭이에게서만 존재한다. 이들은 6천6백만년 전에 원원류의 유전체 내로 내재되어 들어왔다(그림 11-8). 이들 패밀리는 0.1%의 진화속도를 지니고 있다. 오래된 HERV-W는 염색체 1번에서 탐지되었고, 비교적 젊은 HERV-W는 염색체 13번에서 탐지되었다.

인간염색체 12번에서 HERV-M이 탐지되었는데, 레트로바이러스 유전자가 유전자 PPHLN1의 엑손을 탄생시켰다(그림 11-9). 또한 암과 관련된 CHM유전자의 일부를 이동성유전인자 LTR12가 만들어낸다. 이들의 변이체는 폐, 대장, 정소의 암에서 많이 발현된다. LTR12의 변이체가 암환자에게서 특이적으로 많이 발현되는 현상을 활용하면 암탐지 바이오마커가 될 수 있다(그림 11-10). 이렇듯 유전자의 다양한 영역에서 이동성유전인자가 탐지되고 있으며, 다양한 질병 및 인간의 진화와 깊게 연루되어 있다.

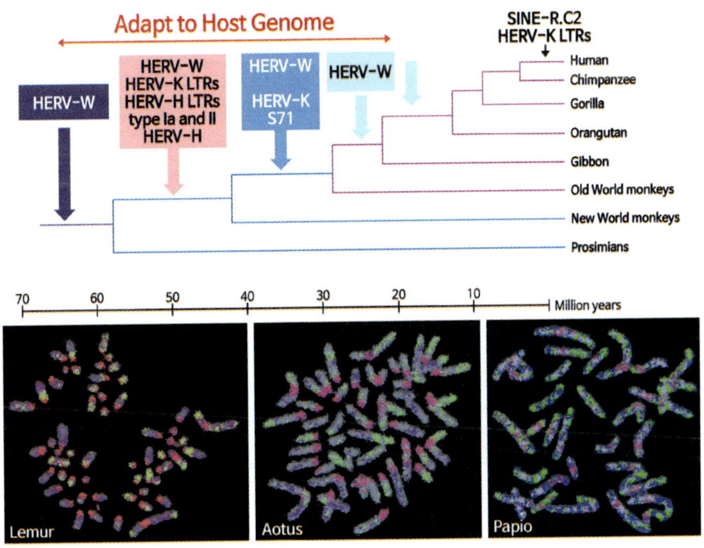

그림 11-8 이동성유전인자 HERV-W는 6천6백만년 전에 원원류에 내재되어 들어와 신세계원숭이 및 구세계원숭이에서 많은 복사수로서 증폭되었다.

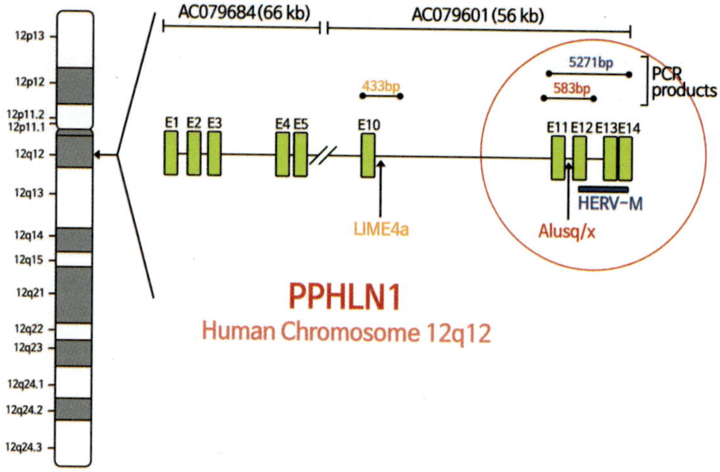

그림 11-9 이동성유전인자인 HERV-M이 페리피린 유전자(PPHLN1)의 엑손12, 13, 14를 탄생시켰다.

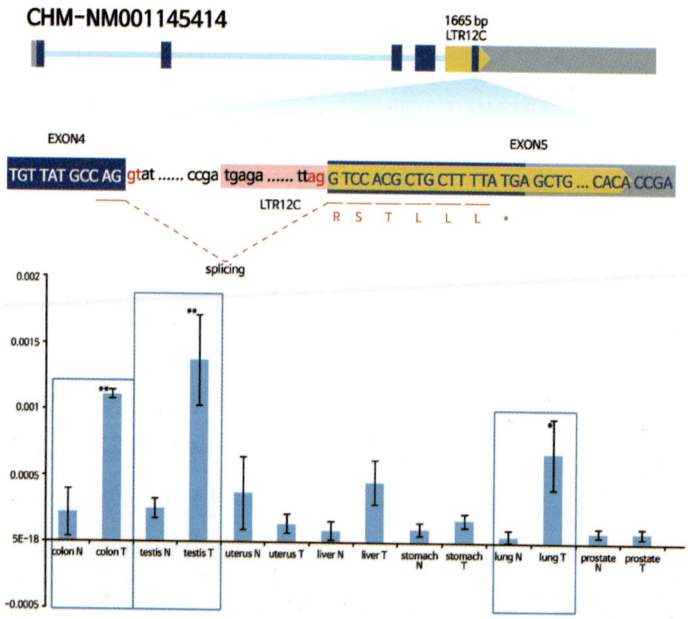

그림 11-10 Alternative Splicing by LTR12 : 이동성유전인자 LTR12가 CHM 유전자의 엑손을 만들어내며, 변이 전사체는 암세포 및 조직(대장, 정소, 폐)에서 발현양상이 높아 암 탐지 바이오마커로 이용될 수 있다.

학습 요약 정리

1. LIPH유전자에서 Alu인자의 재조합현상으로 인한 EXON4결손으로 대머리현상이 일어남
2. HERV-K env 유전자에 의해 이자의 베타세포 손상으로 당뇨병이 야기됨
3. HERV-I 재조합 절단으로 DFFRY 및 DBY유전자 소실로 남성불임이 야기됨
4. 인간만이 가지고 있는 PCDHY유전자(정신분열증 야기)의 탄생배경에는 LINE인자가 핵심역할을 함
5. 인간만이 가지고 있는 이동성유전인자는 SINE-R.C2, HERV-K solitary LTRs 등이 있음
6. 인간에게서만이 있는 human-specific HERV-K 이동성유전인자 탐지됨
7. HERV-W family는 정신분열증, 다발성경화증 질병과 연루되어 있는 있으며, 태반 형성에도 기여함
8. HERV-M은 PPHLN1 유전자의 새로운 EXONs을 탄생함
9. 이동성유전인자는 아직도 풀지 못하고 있는 다양한 인간 질병과 깊게 연루되어 있음

생명의 프린키피아

개정판 1쇄 인쇄 2019년 2월 15일
개정판 1쇄 발행 2019년 2월 28일

저 자 김 희 수
삽 화 최 해 솔
디자인 박 지 영

발행인 전 호 환
펴낸곳 부산대학교 출판부
주소 - 부산광역시 금정구 부산대학로 63번길 2
전화 - (051) 510 - 1932, 1933, 1935, 1967
전송 - (051) 512 - 7812
등록 - 제카 11-2 1992. 9. 10.

인쇄소 한국소문사
정 가 18,000원

이 도서의 국립중앙도서관 출판예정도서목록(CIP)은 서지정보유통지원시스템 홈페이지(http://seoji.nl.go.kr)와 국가자료종합목록시스템(http://www.nl.go.kr/kolisnet)에서 이용하실 수 있습니다.
(CIP제어번호 : CIP2019005486)

ISBN 978-89-7316-613-8 03470